Thomas Borchert (Hrsg.)

Akte Flugunfall

Pilotenfehler und ihre Folgen

Vorwort

Kaum etwas interessiert Piloten so sehr wie Flugunfälle. Für Außenstehende wirkt diese Faszination mit dem Unglück anderer zuweilen wie bizarrer Voyeurismus. Doch die Beschäftigung mit Flugunfällen und deren Analyse ist für jeden, der ein Flugzeug steuert, eines der wichtigsten Hilfsmittel, um die eigene Sicherheit zu erhöhen: Es geht darum, aus den Fehlern anderer zu lernen. Deshalb gehören solche Berichte in der Fachzeitschrift *fliegermagazin*, aus der die in diesem Buch zusammengefassten Unfallanalysen stammen, zu den Artikeln, die als erstes und am häufigsten gelesen werden. Die Sammlung der Artikel in diesem Buch ist also vor allem ein Beitrag zur Sicherheit in der Fliegerei.

Der wäre nicht möglich ohne die sorgfältige und langwierige Arbeit der Behörden, die für die Untersuchung von Flugunfällen zuständig sind. Ihre Erkenntnisse, die nach Abschluss der Untersuchung veröffentlicht werden, sind die Grundlage für die Analysen in diesem Buch. Oft ist monatelange Arbeit nötig, bevor die Ursachen für ein Unglück fest stehen – und manchmal bleiben trotzdem nur vage Mutmaßungen.

Doch die Unfallanalysen sind auch für Passagiere interessant – und letztlich für jeden, den die Luftfahrt fasziniert. Denn sie verraten, dass der Faktor Mensch als Ursache von Flugunglücken dominiert, mechanisches Versagen dagegen eher selten ist. So gewährt die Zusammenstellung von Unfallanalysen in diesem Buch letztlich auch aufschlussreiche Erkenntnisse darüber, wie Menschen mit technischen Herausforderungen umgehen.

Herausgeber Thomas Borchert,
Chefredakteur fliegermagazin

Inhalt

Risikofaktor Pilot	8	Auf Biegen und Brechen	77
Ziehe zeitig, ziehe oft!	12	Beratungsresistent	80
Vorführeffekt	16	Trügerische Sicherheit	84
Tödliche Nähe	20	Im toten Winkel	88
Verräterische Hinterlassenschaft	24	Seenot	92
Motorkollaps und Pilotenpatzer	27	Keine Zeit, keine Sicht, keine Chance	95
Heißer statt leiser	30	Teamarbeit mangelhaft	98
Zu dritt gestartet, zu zweit gelandet	33	Selbstzerleger	101
Heiße Angelegenheit	34	Unerlaubt und unvernünftig	104
Eisige Angelegenheit	36	Eine Drehung zuviel	106
Tragisches Zusammentreffen	38	Endstation Güterbahnhof	108
Völlig losgelöst	39	Absprung ins Ungewisse	112
Verslippt und zugenäht	40	Ohne Medical – ohne Bewusstsein	115
An den Bergen gescheitert	42	Geduld gefragt	118
Innere Blockade	46	Das Ass im Ärmel	121
Wenn's plötzlich trommelt	48	Baden gegangen	124
Mit leeren Tanks auf die Straße	50	Falsche Reflexe	127
Steigflug ohne Ausweg	54	Mentale Blockade	130
Irrflug in IMC	58	Leitwerk im Lee	134
Fabrikneu ins Unglück	61	Gefährlicher Wechsel	138
Spiel mit dem Feuer	64	Vorhang zu und viele Fragen offen	142
Eisige Gratwanderung	67	Bastelwahnsinn	146
Ausführung mangelhaft	70	Krasse Fehleinstellung	150
Kein Schub – keine Chance	74	Impressum	154

Beispiel 1: technisches Versagen – eine eher seltene Unfallursache. Gleich nach dem Start führte ein Defekt an der Benzinentnahme im Tank zur Notlandung im Bodensee. Analyse des Unfalls auf Seite 32.

Risikofaktor Pilot

Analyse der Unfallstatistik Was beim Fliegen wirklich gefährlich ist, untersucht jedes Jahr die US-amerikanische AOPA. Die neueste Studie ist gerade erschienen. Sie zeigt: Die häufigsten Unfallursachen sind nicht unbedingt die, vor denen Piloten üblicherweise Angst haben

Die gute Nachricht zuerst: Piloten haben es in der Hand, das Risiko beim Fliegen drastisch zu senken. Denn 70 Prozent aller Unfälle mit nicht-kommerziell betriebenen Flächenflugzeugen werden durch Piloten verursacht. Die schlechte Nachricht folgt daraus leider unmittelbar: Piloten sind die Hauptgefahrenquelle beim Fliegen.

Jedes Frühjahr veröffentlicht das Air Safety Institute (ASI) der amerikanischen AOPA Foundation seine große Flugunfallanalyse: Der Nall Report – benannt nach dem Unfalluntersucher Joseph T. Nall, der 1989 bei einem Flugzeugabsturz ums Leben kam – trägt die Ursachen aller Unfälle mit Luftfahrzeugen der Allgemeinen Luftfahrt in den USA zusammen. Auch wenn die Verhältnisse bei uns ein wenig anders sind, lassen sich die grundsätzlichen Erkenntnisse auf die Fliegerei in Deutschland übertragen. Dabei beschränken wir uns auf die Zahlen für die nicht-kommerzielle Nutzung von Flächenflugzeugen.

Der soeben erschienene Nall Report 2010 behandelt die Unfälle von 2009 – der große Zeitversatz ist unvermeidlich, weil die Unfallursachen erst geklärt sein müssen. Während deren Analyse und Verteilung noch einfach ist, wird es – das geben die Urheber der Studie freimütig zu – immer dann kompliziert, wenn die Unfallrate gemessen werden soll, üblicherweise als Zahl der Unfälle pro 100 000 Flugstunden. Denn über die Zahl der geflogenen Stunden gibt es auch in den USA nur Schätzungen.

UNFALLENTWICKLUNG DER ALLGEMEINEN LUFTAHRT IN DEN USA IN DEN JAHREN 2000 BIS 2009

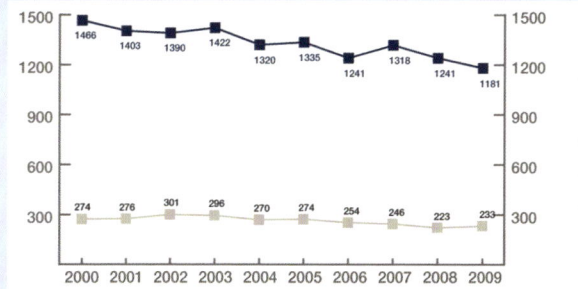
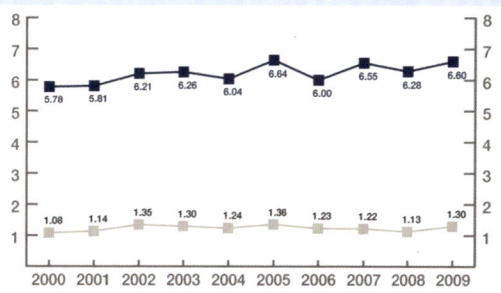

LEICHTER ANSTIEG Die absolute Zahl von Unfällen (linke Grafik) mit nicht-kommerziell betriebenen Flächenflugzeugen sinkt zwar leicht – doch die Zahl der Flugstunden pro Jahr auch. So bleibt die Unfallrate pro 100 000 Flugstunden (rechte Grafik) über die vergangenen Jahre relativ konstant. Im direkten Vergleich von 2008 und 2009 ist die Zahl der Unfälle zwar um fünf Prozent niedriger, es wurde jedoch um zehn Prozent weniger geflogen – die Unfallrate steigt. Die Abschätzung der Flugstunden ist allerdings problematisch, es gibt keine genauen Zahlen.

Ihnen zufolge ereignen sich seit Jahren zwischen sechs und sieben Unfälle je 100 000 Flugstunden (siehe Grafik oben), davon 2009 statistisch 1,3 mit tödlichem Ausgang. Im Vergleich zu 2008 sank 2009 die Zahl der Unfälle um etwa fünf Prozent, doch die Flugstundenzahl sank mit zehn Prozent noch stärker, sodass die Unfallrate sogar anstieg.

Grundsätzlich teilt das ASI alle 1181 Unfälle des Jahres 2009 in drei Ursachen-Kategorien auf: 70 Prozent entfallen auf Pilotenfehler, 17 Prozent auf mechanische Probleme und 13 Prozent auf »andere Ursachen«. Die Grafiken auf Seite 10 und 11 schlüsseln diese Kategorien zum Teil weiter auf.

Ganz überwiegend werden Unfälle also durch Pilotenfehler verursacht – aber die großen Ängste von Piloten finden sich in den beiden anderen Kategorien. So ist zum Beispiel ein Zusammenstoß in der Luft eines der Ereignisse, das viele Piloten fürchten. 2009 gab

Beispiel 2: Pilotenfehler – die häufigste Unfallursache. Trotz ungeeignetem Wetter setzte der Pilot seinen Flug fort und stürzte ab. Details auf Seite 80.

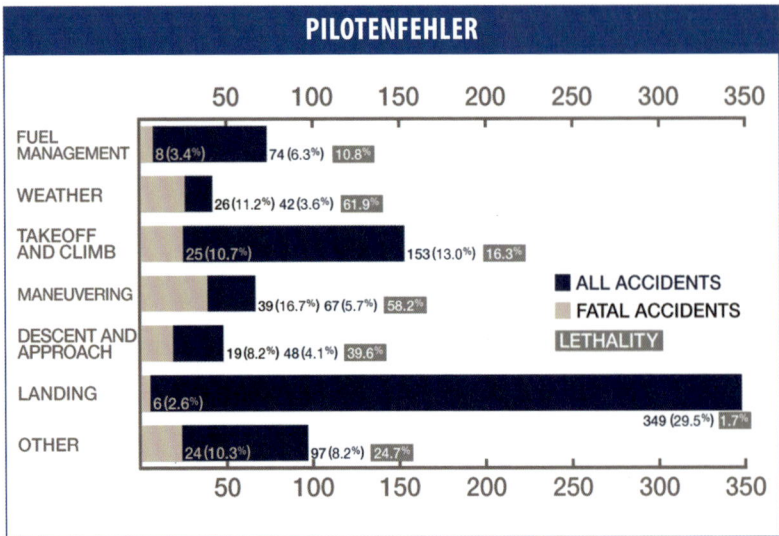

Der Nall Report kategorisiert die durch Piloten verursachten Unfälle wie oben gezeigt. Aus dem Verhältnis der Gesamtunfallzahl und der Zahl tödlicher Unfälle wird jeweils die »Tödlichkeit« (Lethality) errechnet. Seit Jahren passieren die meisten Unfälle bei der Landung. Sie gehen aber selten tödlich aus. Am zweithäufigsten sind Probleme bei Start und Steigflug. Tote gibt es sehr häufig bei wetterbedingten Unfällen sowie bei »Maneuvering«. Dazu zählen misslungene Kurven in der Platzrunde ebenso wie Tiefflüge oder Kunstflug ohne Berechtigung.

es in den USA nur neun, sieben davon mit Todesfolge. Angesichts des Aufwands, den wir um Flugtauglichkeit treiben, geradezu skurril: Es gab lediglich zwei Unfälle, bei denen die Piloten handlungsunfähig wurden. Beide erlitten vermutlich Bewusstlosigkeit durch Sauerstoffmangel beim Flug in großer Höhe und stürzten ab – eine Vorerkrankung war nicht erkennbar.

Auch Motorausfälle spielen mit 89 Vorkommnissen eine eher kleine Rolle in der Statistik. Mit Besorgnis konstatieren die Analysten des ASI allerdings den überproportional hohen Anteil an Homebuilts bei mechanischen Problemen.

Ein tödlicher Ausgang ergibt sich am häufigsten bei wetterbedingten Unfällen. Der Klassiker des fortgesetzten VFR-Flugs in IMC-

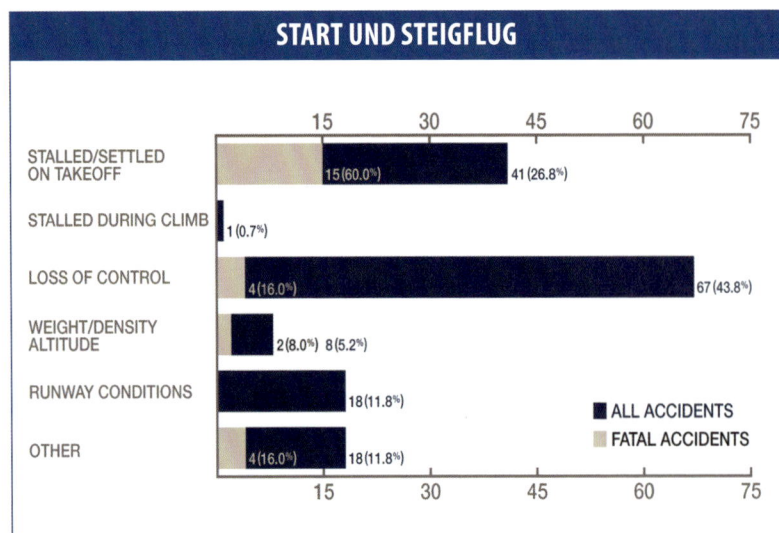

Ein genauerer Blick auf die Unfälle in dieser Flugphase (die zweithäufigste Kategorie bei Pilotenfehlern) ergibt, dass Kontrollverlust im Startlauf, etwa durch Seitenwindeinfluss, am häufigsten vorkommt, jedoch meist ohne tödliche Verletzungen ausgeht. Sehr viel gefährlicher ist das Überziehen direkt nach dem Abheben, oft beim Steigen aus dem Bodeneffekt. Ganz ohne Todesfolge blieb 2009 der Versuch von immerhin 18 Piloten, von Startbahnen abzuheben, die zu kurz, zu stark geneigt, zu weich oder sonstwie ungeeignet für ihr Flugzeug waren.

Jahr für Jahr werden die meisten AL-Flugzeuge bei Landungen beschädigt – wenn auch selten mit tödlichem Ausgang. Der überwiegende Grund ist Kontrollverlust bei der Landung, mehr als ein Drittel davon verursacht durch Wind – oder besser gesagt durch das Unvermögen des Piloten, mit dem Wind umzugehen. Überziehen kurz vor der Landung ist die zweithäufigste Ursache. Wenig überraschend: Der Anteil an Flugschülern in der Kategorie Landeunfälle ist doppelt so hoch wie ihr Anteil an den Unfällen insgesamt.

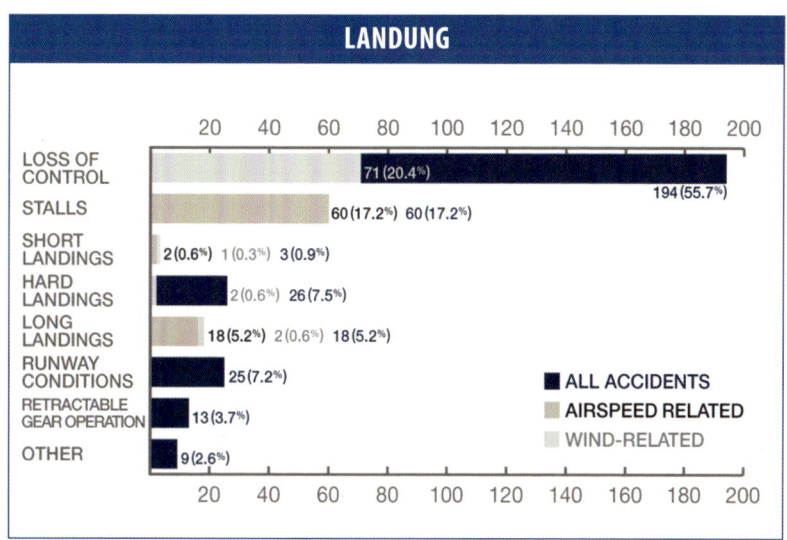

Bedingungen spielt hier immer noch die Hauptrolle. Dennoch beobachtet das ASI erstmals in diesem Jahrzehnt einen spürbaren Rückgang in dieser Kategorie.

Die mit Abstand häufigste Zahl an Unfällen ereignet sich bei Landungen, gefolgt von Starts. Wann immer Flugzeuge sich in der Nähe des Bodens bewegen, ist Fliegen besonders gefährlich – wenn auch überwiegend nicht mit tödlichem Ausgang. Das liegt wohl daran, dass sich die Unfälle oft bei relativ niedriger Geschwindigkeit auf dem hindernisarmen Flugplatzgelände ereignen.

Vielleicht die wichtigste Lektion aus dem Nall Report ist also, dass Starten und Landen insbesondere bei stärkerem Wind auch nach Scheinerhalt regelmäßig geübt werden sollten.

Thomas Borchert

Nur 17 Prozent aller Unfälle haben mechanische Gründe. In fast der Hälfte der Fälle ist ein Triebwerksausfall die Ursache, relativ oft mit tödlichem Ausgang. Einen hohen Todesanteil gibt es auch bei Problemen mit der Struktur oder den Steuerflächen. Ganz ohne Todesfall gingen dagegen Unfälle durch Bremsen oder Fahrwerk aus. Mehr als die Hälfte der tödlichen Unfälle mit mechanischer Ursache ereigneten sich mit selbstgebauten Flugzeugen. 15 Prozent der AL-Flugzeuge in den USA sind selbst gebaut, sie haben einen Anteil von sechs Prozent an der Gesamtflugstundenzahl.

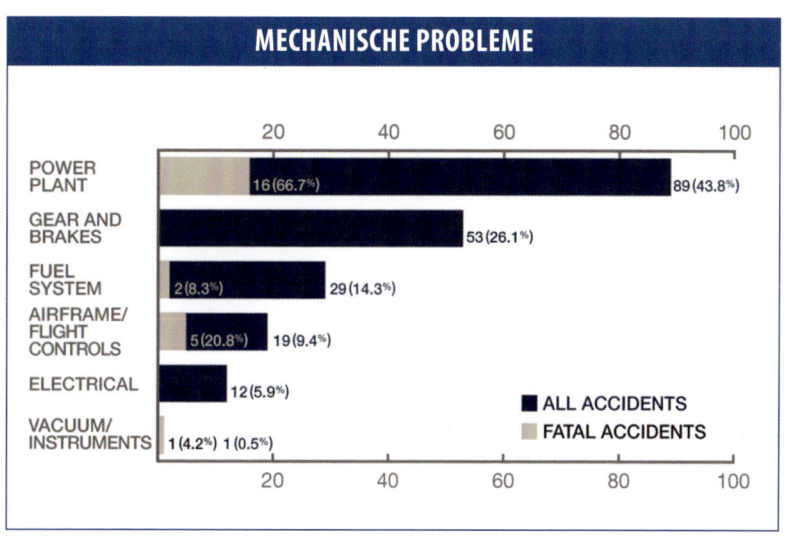

Schwebezustand: Eine Cirrus hängt am voll geöffneten Schirm des Rettungssystems. Das Foto entstand während der Flugerprobung.

Ziehe zeitig, ziehe oft!

Gesamtrettungssystem Immer wieder diskutieren Piloten über den Fallschirm in den Flugzeugen von Cirrus. Bis Ende 2010 gab es 27 Auslösungen mit 48 Überlebenden. Ein Blick auf die näheren Umstände lohnt sich

Pull early, pull often!« – das ist, mit etwas Augenzwinkern, das Mantra der Cirrus Owners and Pilots Association (COPA). Der Hintergrund ist ernst: Ein Gesamtrettungssystem verlangt vom Piloten ein grundsätzliches Umdenken beim Verhalten in besonderen Fällen. Etliche Cirrus-Unfälle, bei denen das Rettungssystem nicht aktiviert wurde, hinterlassen das ungute Gefühl, dass die Piloten »vergessen« hatten, den Schirm als möglicherweise rettende Option in Betracht zu ziehen.

Weil in Deutschland jedes UL mit einem Gesamtrettungssystem ausgerüstet sein muss und die Verbreitung der Cirrus als einziges E-Klasse-Flugzeug mit serienmäßig verbautem Schirm zunimmt, ist die Analyse der Unfälle aufschlussreich.

Das Cirrus Airframe Parachute System (CAPS) wurde von Anfang an in die SR-Flugzeuge eingeplant, da Firmenmitgründer Alan Klapmeier einen Zusammenstoß mit einem anderen Flugzeug nur knapp überlebt hatte. Er erhoffte sich für diesen Fall Vorteile von einem Rettungssystem. Auch, um dessen Entwicklungskosten zu kompensieren, beantragte Cirrus bei der US-Luftfahrtbehörde FAA, die aufwändige Trudelerprobung des neuen Flugzeugs auszulassen und alternativ das Auslösen des Schirms als Mittel zur Beendigung eines Trudelzustands zu akzeptieren.

Entsprechend wurde das Flugzeug zertifiziert. Anders als oft zu hören, erfolgte der Einbau des Schirms nicht, weil bei der Cirrus die üblichen Verfahren zum Ausleiten eines Spins

Ausschuss: Die Rakete hat den Deckel der Ausschussöffnung weggedrückt und zieht den Fallschirm heraus. Öffnung: Der Fallschirm beginnt sich mit Luft zu füllen. Seine Kappe wird von einem Slider geschlossen gehalten, … Bremsung: … der gegen den Luftstrom an den Fangleinen herunter rutscht und so den Öffnungsstoß abmildert. Stabilisierung: Der weiße, ringförmige Slider hat die Endposition erreicht. Das Flugzeug hängt waagerecht. (Von links nach rechts)

nicht funktionieren – diese wurden bei der Zulassung gar nicht erst erprobt.

Keine vollständige Sicherheit

Bei Gesamtrettungssystemen zieht nach der Auslösung durch einen der Flugzeuginsassen eine Rakete den Fallschirm aus dem Rumpf; der Schirm entfaltet sich, und die gesamte Maschine sinkt daran zu Boden.

Nach der Auslieferung von Cirrus-Maschinen ab 1999 wurde 2002 der Schirm erstmals ausgelöst, weil sich nach einem Wartungsfehler im Flug ein Querruder gelöst hatte. Der Pilot überlebte unverletzt, das Flugzeug wurde repariert und weiter eingesetzt. Mit Stand Ende 2010 gab es bisher 27 Auslösungen mit 48 Überlebenden.

Allerdings garantiert CAPS keine vollständige Sicherheit. Etwa zehn Überlebende trugen schwere Verletzungen davon. Es gab auch Tote – allerdings ausschließlich in Fällen, bei denen das System nicht innerhalb der von der Zulassung vorgegebenen Parameter eingesetzt wurde.

Piloten setzen CAPS in den unterschiedlichsten Situationen ein, etwa bei Kontrollverlust, gesundheitlicher Beeinträchtigung oder nach Systemausfällen.

Dazu gehört das erwähnte Querruderversagen, auch Instrumentenfehler durch Wasser im statischen Drucksystem. Eine Außenlandung nach Spritmangel kam ebenso vor wie ein Motorschaden mit ölverschmierter Frontscheibe. Skurril ist ein Fall aus Jamaika, wo ein Passa-

Wagner, South Dakota: Der Pilot verlor in den Wolken die Kontrolle und löste das Rettungssystem aus. Beide Insassen überlebten unverletzt.

Maybell, Colorado: Nicht betätigter Auslösegriff im Wrack einer SR20, die nach Vereisung aus etwa 7000 Fuß über Grund abstürzte. Beide Insassen kamen ums Leben.

gier austretendes Benzin an der Tragfläche beobachtete und darauf den Schirm zog.

Etliche Piloten aktivierten CAPS, nachdem sie in Wolken die Orientierung verloren hatten. Dazu gehört ein klassischer VFR-Einflug in IMC, aber auch ein Fall, bei dem sich im Abflug eine Tür öffnete und Regen in die Kabine drang. Extreme Turbulenz im Endanflug führte ebenso zum CAPS-Einsatz. In mehreren Fällen lösten Piloten den Schirm aus, nachdem das Flugzeug Eis angesetzt hatte.

Ein allein fliegender Pilot verlor das Bewusstsein – wie sich später herausstellte, war ein Hirntumor die Ursache. Er kam im steilen Sinkflug wieder zu sich und entschied sich für die CAPS-Auslösung, statt Probleme bei der Landung zu riskieren.

Auch wenn manche Beobachter im Nachhinein argumentieren, dass in etlichen dieser Fälle auch ohne den Schirm ein glücklicher Ausgang möglich gewesen wäre, so fällt es schwer, etwas dagegen zu sagen, dass mit Einsatz des Schirms 48 Menschen diese Situationen überlebt haben.

Die Entwickler von CAPS gingen davon aus, dass zum einen die Wabenstruktur in den Sitzen der Cirrus und zum anderen das feste Fahrwerk den Großteil der Aufprallenergie bei einer Fallschirmlandung aufnehmen, wobei die Struktur der Maschine irreparabel belastet wird.

Entsprechend gab es die Erwartung, dass der Ausgang der CAPS-Landung wesentlich vom Untergrund abhängt. Dies hat sich nicht bestätigt. Überlebende gab es bei Landungen in Feldern, Gebüsch, Bäumen und Wäldern, Berghängen, Stromleitungen und Sendemasten, auf der Straße eines Wohngebiets, in einem Kanal, einem Rückhaltebecken und der breiten Bucht eines Flusses.

Fünf Flugzeuge wurden nach der Notlandung repariert und erneut eingesetzt. Insbesondere Wasserlandungen wurden viel diskutiert, haben sich aber als vergleichsweise problemlos erwiesen, auch wenn es in zwei Fällen Rückenverletzungen durch die Wucht des Aufpralls gab.

Die zwei wichtigsten Fragen aus den bisher vorliegenden Daten sind: Wie schnell und wie hoch muss man sein, damit die CAPS-Auslösung sicher abläuft?

Wie schnell?

Langsamer zu sein als die nachgewiesene Auslösegeschwindigkeit VPD (parachute deployment speed) von 133 KIAS schadet sicher nicht. Zusätzlich gibt es diese Eckdaten aus den Erfahrungen:

- 170 KIAS: Geschwindigkeit auf dem Radar im Falle des steilen Sinkflugs nach Bewusstlosigkeit des Piloten.
- 187 Knoten: Test des Fallschirms und dessen Leinen, aber nicht der Tragegurte am Flugzeug durch BRS, dem Hersteller des Systems.
- 270 Knoten: Geschwindigkeit des Radarechos beim Auslösen über Norden, Kalifornien. Der Schirm riss vom Flugzeug ab, der Pilot starb.

Wie tief?

Was die minimale Höhe betrifft, so hängt viel davon ab, in welcher Fluglage sich die Maschine bei der Auslösung befindet: Im Trudeln ist mehr Höhe erforderlich als im Geradeausflug. Extrem ist der Fall, bei dem CAPS in IMC in Rückenfluglage in 2000 Fuß aktiviert wurde – und sich problemlos entfaltete. Die Insassen überlebten. Weitere Erfahrungswerte, was die Auslösehöhe betrifft:

- 200 Fuß: Von Zeugen geschätzte Auslösehöhe in Deltona, Florida. Die Maschine befand sich im Trudeln, der Schirm öffnete sich nicht voll. Beide Insassen starben.
- 400 Fuß: Bei der Zulassung nachgewiesener Höhenverlust bis zur vollen Schirmöffnung aus dem Geradeausflug.
- 400 Fuß: Erfolgreiches Auslösen nach Motorausfall. Der Pilot brach sich den Fuß, die Passagiere blieben unverletzt.
- 700 Fuß: Erfolgreiches Auslösen nach Instrumentenversagen in IMC.
- 920 Fuß: Bei der Zulassung nachgewiesener Höhenverlust bei Aktivierung aus 1,5 Trudelumdrehungen bis zu waagerechtem Hängen unter dem Schirm.

Die Quadratur der Energie

Auch wenn der Pilot mit dem Aktivieren des Schirms die Kontrolle über den Landeort aufgibt, spricht die Physik klar für den Fallschirm, selbst bei »landbar« erscheinenden Fällen wie nach einem Motorausfall. Denn die Aufprallenergie steigt mit dem Quadrat der Geschwindigkeit. Am Schirm sinkt eine Cirrus mit etwa 1700 Fuß pro Minute, das sind etwa 20 Knoten. Die minimale Landegeschwindigkeit dagegen beträgt 60 Knoten, also dreimal mehr. Darin steckt neunmal mehr Energie. Nur wenn die beim Ausrollen nach und nach abgebaut werden kann, ohne dass man an einem Zaunpfahl, einem Graben, Bäumen oder anderen Hindernissen hängen bleibt, passiert nichts.

Piloten, die über ein Gesamtrettungssystem verfügen, ob in der Cirrus oder einem UL, müssen sich von den eingeübten Standardverfahren etwa bei Spin Recovery, unbeabsichtigtem Einflug in IMC oder Kontrollverlust lösen und überlegen, in welchen Situationen sie den Schirm ziehen – zeitig und lieber zu oft als einmal zu wenig.

Thomas Borchert

Für die Unterstützung bei diesem Artikel danken wir Rick Beach, Sicherheitsexperte der Cirrus Owners & Pilots Association.

Peters, Kalifornien: Pilot Bill Graham verlor in gewitternahen Turbulenzen die Kontrolle und löste das CAPS aus. Das Flugzeug landete in einer Walnuss-Plantage, die Insassen blieben unverletzt.

Vorführeffekt

Luftzerleger im Tiefflug Piloten, die die Belastungsgrenzen ihrer Maschinen nicht kennen, stehen schon mit einem Fuß in der „Unfallakte". Bei Prototypen aber sind die Limits meist noch gar nicht definiert. Trotzdem ist ihre Überschreitung folgenschwer

Der US-amerikanische Flugzeugbauer Cessna und der bayerische Hersteller Grob Aerospace haben eines gemeinsam: Beiden passierte bei der Flugerprobung ihrer jüngsten Modelle der Super-Gau: Totalverlust eines Prototypen. Beim Vorführflug des spn-Jets auf dem Grob-Werksflugplatz ist zumindest fraglich, ob die Sicherheit an erster Stelle stand.

Am 27. November 2006 soll auf dem Sonderlandeplatz Mindelheim-Mattsies geladenen Gästen die Leistungsfähigkeit eines von zwei Erprobungsflugzeugen des Typs Grob 180A – besser bekannt als spn-Jet – demonstriert werden. Um 13:12 Uhr startet der Zweistrahler von der Asphaltpiste und dreht unmittelbar nach dem Abheben in Richtung Norden ab. Der Pilot will in einem weiten Bogen um die nahe gelegenen Ortschaften Zaisertshofen und Tussenhausen herumfliegen und den Platz von Osten ansteuern, um über der Bahn den Demo-Flug zu absolvieren.

Super-Gau bei Grob Aerospace: Die Mehrzahl der Trümmerteile des Business-Jets spn sind kleiner als zehn Quadratzentimeter, das Wrack ist kaum noch zu identifizieren.

Der verbliebene zweite Prototyp

Für einige Augenblicke verschwindet das Flugzeug nach dem Take-off in den Wolken und taucht kurz darauf mit erhöhter Querneigung im rechten Queranflug wieder auf. Der Pilot geht jetzt in einen leichten Sinkflug über und steuert durch einige Wolkenfetzen. Als der Jet zwischen den Orten Tussenhausen und Mattsies von Osten auf die Piste zuschießt, lösen sich plötzlich Teile vom Leitwerk, wie mehrere Zeugen später berichten. Nur wenige Sekunden danach, um 13:15 Uhr, prallt die Maschine etwa 1500 Meter südöstlich der Schwelle 33 des Sonderlandeplatzes mit hoher Geschwindigkeit auf eine Wiese.

Der Pilot hat keine Überlebenschancen. Das Flugzeug wird so stark zerstört, dass nur wenige Trümmerteile, die von dem Zweistrahler übrig bleiben, größer als zehn Quadratzentimeter sind. Der Rumpf hat sich beim Aufschlag bis zu einen Meter tief in den Boden gebohrt, die Einzelteile des Wracks sind über einen 200 mal 120 Meter großen Korridor verteilt. Bereits wenige Stunden nach dem Unglück nehmen Experten der Bundesstelle für Flugunfalluntersuchung (BfU) vor Ort die Ermittlungen auf.

In dem fast 40 Seiten starken Abschlussbericht, der erst im Jahr 2010 veröffentlicht werden konnte, haben die BfU-Experten eine umfangreiche Analyse des Unfalls vorgelegt. Die Vorgeschichte samt Zulassungsverfahren und technischen Aspekten wie auch der genaue Verlauf des nur drei Minuten dauernden Unglücksflugs sind in dem Bericht bis ins Detail dokumentiert. Und doch bleiben auch für die BfU-Ermittler einige Fragen offen.

Höhenruderteile abgerissen

Schon bei den ersten Untersuchungen am Wrack bestätigen sich die Zeugenaussagen, denen zufolge kurz vor dem Crash Teile des Höhenleitwerks abrissen. Etwa 400 Meter vom Hauptwrack des Jets entfernt finden die Experten Teile des Höhenruders und der unteren Beplankung der linken Höhenflosse sowie die

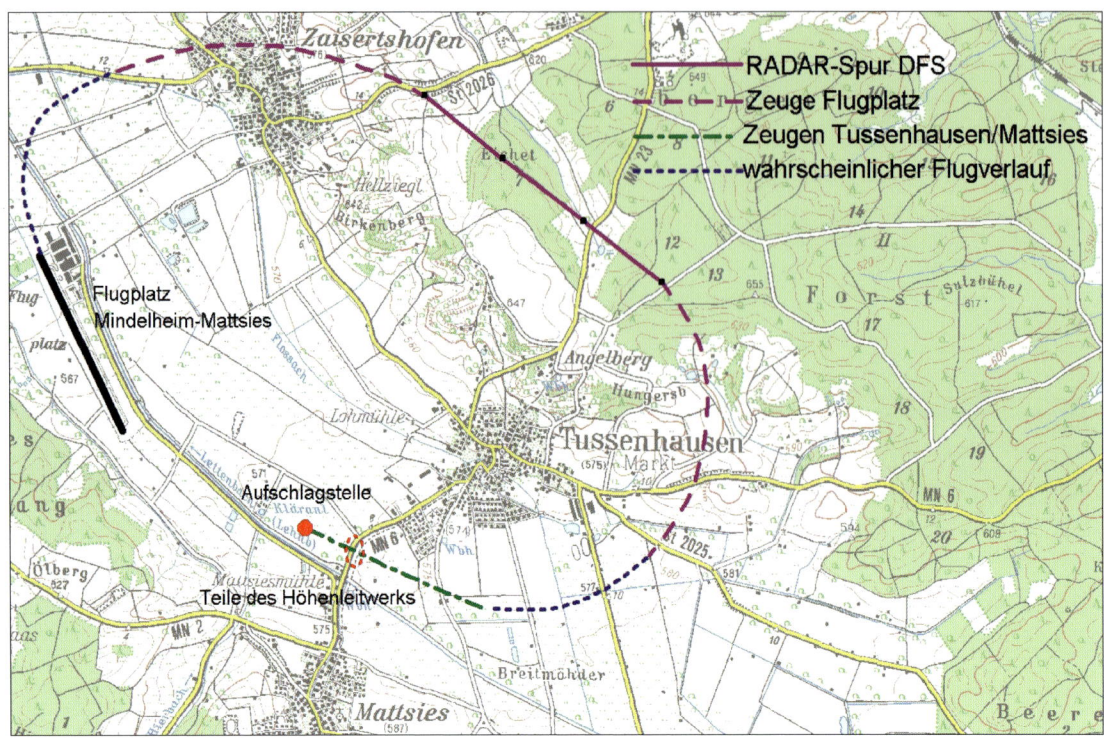

Rekonstruktion der Flugroute: Nach dem Take-off dreht der Jet nach Nordosten, um die Piste in einem Bogen von Osten anzufliegen. Die Unfallstelle liegt 1500 Meter vor der Schwelle.

Nasenbeplankung beider Höhenflossen. Zum Abmontieren der Teile kam es offenbar durch Flattern am Leitwerk. Danach sei der Jet nicht mehr steuerbar gewesen, so der BfU-Bericht.

Wegen fehlender Flugdaten und dem großen Zerstörungsgrad der Maschine konnte nicht zweifelsfrei geklärt werden, warum es zum Flattern am Leitwerk gekommen war. Die BfU stellt dazu fest: „Der kritische Geschwindigkeitsbereich im Sinne der Nachweisführung für die Flatterfreiheit nach den Vorgaben für die Musterzulassung lag zwischen 261 und 313 Knoten. Der hierbei vorgegebene Sicherheitsfaktor war jedoch nicht zwingend anzuwenden." Gemäß Flattergutachten und Flight Clearance Note durfte mit dem spn-Jet eine Maximalgeschwindigkeit von 297 Knoten geflogen werden. Der rechnerische Nachweis dafür, so die BfU, sei plausibel gewesen. Die Ermittler bemängeln jedoch, dass es keine Kontrolle und Überwachung für die Nachweisführung der Flattersicherheit durch den Entwicklungsbetrieb gegeben habe.

Limit überschritten

Für einen Vorführflug war der spn-Jet an jenem Novembertag zudem sehr schnell unterwegs. Der wahrscheinlich geflogene Geschwindigkeitsbereich wird im Abschlussbericht auf 240 bis 270 Knoten beziffert. Damit lag die Speed zwar deutlich unter dem im Flattergutachten genannten Grenzwert von 297 Knoten. Die BfU bemerkt aber: „Für den Vorführflug bei der gegebenen Wettersituation waren die in der Flight Display Policy festgelegten Vorgaben für ein Reduced Flight Display anzuwenden. Damit war eine maximale Fluggeschwindigkeit von 200 Knoten

Abmontiert: Durch Flattern lösten sich kurz vor dem Crash Teile vom Höhenleitwerk ab. Dadurch war die Maschine nicht mehr steuerbar. Möglicherweise war die kritische Geschwindigkeit, bei der es zum Flattern kommen kann, durch Vorschädigung der Struktur geringer als berechnet.

einzuhalten." Dieses Limit hat der Pilot beim Anflug auf die Piste deutlich überschritten. Auch konnten die BfU-Experten nicht ausschließen, dass durch Vorschädigung der Struktur im Bereich des Übergangs zwischen Ruderhorn und Ruderfläche aufgrund von unzureichender Dimensionierung und Festigkeitsberechnungen die Flattergeschwindigkeit reduziert war.

Möglicherweise war die kritische Geschwindigkeit, bei der das Flattern am Leitwerk eintreten kann, aber durch einen ganz anderen Mangel niedriger als erwartet: Die kraftschlüssigen Verbindungen der nachträglich eingebauten Bleikugel-Ausgleichsmassen könnten sich im Flug gelöst haben: Beide Ruderhörner wiesen deutliche Spuren der Kugeln auf, die zusätzlich eingeharzt worden waren und sich womöglich gelöst haben. Sie waren am Unfallort nicht auffindbar.

Samuel Pichlmaier

Luftzerleger im Tiefflug

Tödliche Nähe

Risiko Verbandsflug Hier ein verträumtes Schloss, dort ein fetter Pott auf dem Fluss: VFR-Piloten, die allein unterwegs sind, können den Boden relativ unbeschwert nach Sehenswürdigkeiten abgrasen. Im Verband hingegen sieht das ganz anders aus ...

Das Ziel der Reise? Egal. Der Weg ist das Ziel. Genauer gesagt nicht die Strecke, sondern wie man sie hinter sich bringt: zu zweit. Denn Verbandsflug ist eine der größten Herausforderungen, der man sich in der Fliegerei stellen kann. Hochkonzentriertes Präzisionsfliegen bedeutet in diesem Fall nicht nur, als beeindruckendes Duo (je nach Anzahl der Akteure) daherzukommen. Alle Piloten einer Formation haben auch die gleiche Erlebnisperspektive. Blicken sie in Gesprächen auf diese „Simultanflüge" zurück, schöpfen alle aus dem gleichen Erinnerungsfundus. „Ich flieg Dir einfach hinterher." Am 1. September 2004 beschließen zwei Schweizer einen gemeinsamen Flug Seite an Seite. Der Pilot einer Piper J-3C-65 bekräftigt mit dieser Äußerung, dass es ihm völlig egal sei, wohin der Ausflug gehen soll. Zusammen mit seinem Kumpel, der beruflich einen Learjet 60 im Geschäftsreiseverkehr steuert und privat für gewöhnlich in einer Luscombe 8A sitzt, einigen sie sich auf eine von ihnen oft beflogene, vertraute Strecke: von Luzern-Beromünster nach Les Épla-

Überschlag bei der Notlandung: Der Piper-Pilot überlebt leicht verletzt. Der Schlitz hinten unterm Cockpit kommt vom Höhenruder der Luscombe.

Chancenlos: Die Luscombe wurde so schwer beschädigt, dass sie in einen unkontrollierbaren Zustand geriet. Der Aufschlag endete für den Piloten tödlich.

tures. 20 bis 25 Kilometer Sicht und lediglich ein Achtel Bewölkung in 4500 Fuß AMSL versprechen gutes Flugwetter.

Um Viertel nach zwei startet das Duo von dem Grasplatz nordwestlich von Luzern. Beide Piloten haben in den vergangenen Jahren reichlich Erfahrung im Verbandsflug gesammelt. Nach dem Start reagieren sie wie ein gut aufeinander eingespieltes Team: Der leistungsschwächeren Piper folgt die stärkere Luscombe. Nachdem die J-3C ausgelevelt hat, reduziert ihr Pilot die Motordrehzahl auf 2300 Umdrehungen pro Minute, was am Fahrtmesser dem Ende des grünen Bereichs entspricht, also rund 80 Meilen pro Stunde. Über eine gemeinsame Frequenz wiederum bestätigt der Luscombe-Pilot, sein Triebwerk drehe mit 2000 Umdrehungen pro Minute. Er hat die Piper etwa 50 bis 100 Meter und links versetzt vor sich, also eine gute Position, um sich an die Fersen der J-3C zu heften, falls diese Höhe oder Kurs ändert. Soll der Abstand mal unter 50 Meter reduziert werden, so geschieht das nur nach vorheriger Absprache am Funk.

Ohnehin kann der Berufspilot seinen Vordermann gut einschätzen – schließlich hat der 58-Jährige ihn ausgebildet: Der mit über 11 310 Stunden sehr erfahrene Mann arbeitet nebenher als Fluglehrer und lernt dabei den 59-Jährigen kennen. Die beiden freunden sich an, der Ältere durchläuft beim Jüngeren die Ausbildung zum Privatpiloten. In den folgenden Monaten unternehmen die Männer zahlreiche Flüge miteinander. Und so kommt es, dass der Piper-Pilot innerhalb kurzer Zeit immens Erfahrung sammelt: Den Schein erhielt er im November 2003, und jetzt, elf Monate später, hat der Mann bereits mehrere hundert Stunden auf dem Unfallmuster erflogen.

Um kurz nach drei landet das Duo in Les Éplatures an der Grenze zu Frankreich. Nach einer kurzen Pause planen sie den Rückflug. Die Route wird so gelegt, dass sie nicht mit den Verkehrsleitstellen Grenchen und Bern

Erste Berührung: Der Piper-Propeller frisst sich ins linke Querruder der Luscombe.

Funkkontakt aufnehmen müssen. Um kurz vor drei heben die Hochdecker ab.

Kurze Zeit später unterhalten sich die Piloten, was wohl am Platz Biel-Kappelen, den sie direkt ansteuern, los sei. Dann schlägt der Leader vor, unter 3000 Fuß zu sinken, um nicht in die TMA Bern einzufliegen. Als sie entlang des Limpachtals unterwegs sind, macht die Nummer zwei ihren Vordermann auf ein Modellflugzeug aufmerksam, das Kunstflugfiguren durchführt. Daraufhin ändert die Piper den Kurs, um dem Modellflugplatz nicht zu nahe zu kommen. Kurz darauf schlägt der Jüngere vor, einen Abstecher zu einem Fliegerkumpel in Herzogenbuchsee einzulegen. Nachdem sich die „Minirotte" aber nicht im Klaren ist, welches Dorf vor ihnen nun besagter Ort ist, verwerfen sie den Plan.

Haben die Piloten mit den Aktionen der letzten Minuten ihrer Aufmerksamkeit zuviel zugemutet? „Kurze Zeit später knallte es", wird der Piper-Pilot später den Experten des Büros für Flugunfalluntersuchung erzählen. Denn als die Hochdecker auf ihre ursprünglich geplante Strecke zurückgekehrt sind, kollidieren sie und verkeilen sich kurz ineinander. Dabei wird die Luscombe so schwer beschädigt, dass sie in einen unkontrollierbaren Zustand gerät und abstürzt. Ihr Pilot kommt dabei ums Leben.

Der Mann in der Piper verliert bei dem Zusammenstoß kurz das Bewusstsein. Als er wieder zur Besinnung kommt, sieht er ein Waldstück auf sich zukommen. Das Höhenruder spricht an, so gelingt es ihm, die Maschine abzufangen. Auch die Querruder scheinen nichts abbekommen zu haben. Bei der anschließenden Notlandung auf einer aufgeweichten Wiese überschlägt sich die Cub, ihr Pilot überlebt leicht verletzt.

Um den genauen Unfallhergang zu rekonstruieren, spielten Experten die Kollision am

Verkeilen beider Flugzeuge: Die linke Luscombe-Höhenflosse dringt in den Rumpf der Cub ein (siehe auch Foto oben).

Loslösen beider Flugzeuge: Die rechte Cub-Fläche kracht in den Rumpf der Luscombe – die schweren Schäden führen zu ihrem Absturz ...

Computer nach. Dazu wurden beide Flugzeuge exakt vermessen und die Daten in einen Rechner gespeist. Mittels eines computerunterstützten Zeichnungsprogramms lassen sich am Bildschirm mit den maßstabsgetreuen Modellen lagerichtig vielseitige Untersuchungen durchführen (siehe auch Abbildungen unten).

Mit den Ergebnissen aus dem Rechner und den Aussagen eines Augenzeugen kamen die Untersucher zu folgendem Szenario: Kurz vor dem Crash hat die Luscombe ihren Vordermann langsam überholt. Dabei muss die eigene Fläche die Piper verdeckt haben. Aus dieser Position heraus wäre auch die Annäherung an die höher fliegende Cub nur schwer zu erkennen gewesen. Zu diesem Zeitpunkt dürfte die relative Geschwindigkeit beider Maschinen gering gewesen sein.

Ob der Berufspilot seinen Begleiter kurz vor dem Zusammenstoß noch sah und versuchte zu korrigieren, bleibt ungeklärt. Jedenfalls flog die Luscombe vor der Piper. Diese beschädigte mit ihrem Propeller bei der ersten Berührung das Querruder des anderen. Dann kollidierte das Leitwerk der Luscombe mit dem Rumpf der Piper (rechts, auf Höhe des Cockpits) sowie mit deren hinterer Flügelabstrebung. „Ich glaube", so erinnert sich der Überlebende, „dass wir kurze Zeit miteinander verkeilt waren". Als sich beide Flugzeuge wieder voneinander gelöst hatten, kam es noch zu weiteren Berührungen.

Die Funksprüche, Ausweichmanöver und die Suche nach der Ortschaft – kostete das im entscheidenden Moment das Fünkchen Aufmerksamkeit, um den drohenden Kollisionskurs zu realisieren? Die Unfallforscher halten das für möglich. Und dass beide Männer nie im Verbandsflug ausgebildet wurden, lassen sie am Ende ihres Berichts nicht unerwähnt ...

Markus Wunderlich

... während der Piper-Pilot für kurze Zeit das Bewusstsein verliert. Doch er fängt seine Maschine noch ab.

Risiko Verbandsflug

Cessna Citation C551, hier ein baugleicher Typ: Die Unfallmaschine war CAT-III-untauglich – wie ihre Crew …

Verräterische Hinterlassenschaft

Unfallflucht Das Gefühl bei einer CAT-III-Landung stellt man sich am besten so vor: in der dicksten Nebelsuppe auf der Autobahn mit 200 unterwegs – und man weiß nicht, was kommt. Doch CAT-III-ausgebildete Crews meistern dank entsprechend ausgerüsteter Flugzeuge auch solche fast Null-Sicht-Landungen. Aber eben nur solche Crews …

Nebel hängt in den entlaubten Bäumen. Das Land ist wie in dicke Watte gepackt, man sieht kaum 50 Meter weit. Geräusche dringen nur gedämpft ans Ohr. Die gesättigte Luft scheint alles zu verschlucken. Die Höhe der Wolkenuntergrenze ist praktisch nicht messbar. Eine Landschaft grau in grau.

Herbst im Elsaß. Heute sind sogar die Vögel freiwillig zu Fuß unterwegs. Am Verkehrsflughafen Basel-Mühlhausen am Oberrhein schieben die Lotsen eine ruhige Kugel: Bei 50 Meter Bodensicht und einer Pistensichtweite (Runway Visibility Range, RVR) von 200 Meter im Aufsetzbereich der Landebahn 16 sind nur die harten Jungs unterwegs – ganz klar Bedingungen für Betriebsstufe (CAT) III.

Wer in dieser dicken Suppe landen will, muss entsprechend lizensiert sein. Zudem ist für das Flugzeug eine aufwendige Zusatzausrüstung für die vollautomatische Landung nötig: Autopilot und Autothrottle (automatische Schubregelung) übernehmen die Führung bei Anflug und Landung.

Ohne dieses Equipment und bar jeglicher fundierter Schulung fährt man mit einer „Ein-bisschen-was-wird-schon-gehen"-Mentalität voll gegen die (Nebel-)Wand. Denn wer mit sehr viel Glück die Bahn finden und landen sollte, sähe sich bei Sichten gegen null mit dem nächsten Problem konfrontiert: Wo bin ich, wo sind die Rollwege und wo die anderen?

Doch so weit kommt die Crew einer Cessna Citation C551 erst gar nicht, die sich Ende September 2002 auf den Weg zu dem französischen Platz macht. Zu dem kurzen Trip startet der zweistrahlige Jet eines schwäbischen Business- und Executive-Unternehmens in Stuttgart um 9:08 Uhr bei CAVOK. Keine viertel Stunde nach dem Take-off erhalten die beiden Piloten von Basel Approach die Information, dass der Platz dicht sei: eine RVR für die Bahn 16 von 200, 250 und 300 in den einzelnen Seg-

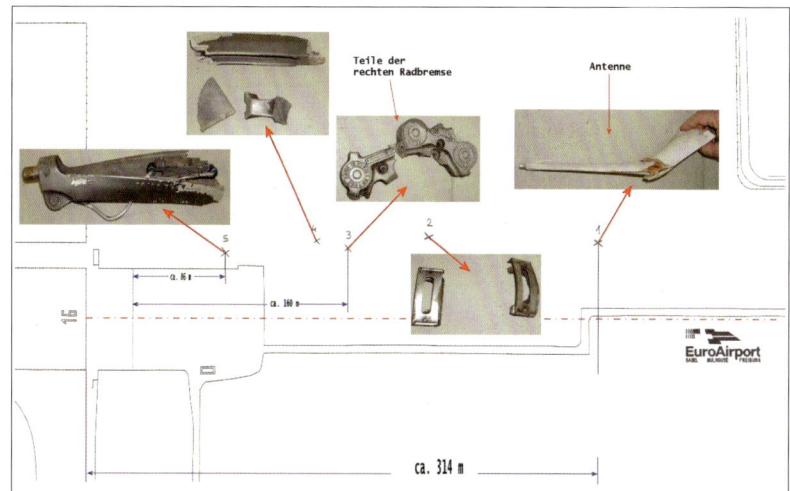

Diese Teile fanden französische Untersucher vor dem Pistenanfang in Basel: Hinterlassenschaften einer halsbrecherischen Nebellandung bei CAT-III-Bedingungen.

menten sowie eine Hauptwolkenuntergrenze von 100 Fuß lassen nur einen Instrumentenanflug nach CAT III zu.

Für den 54-jährigen Pilot in Command und seinen 40-jährigen Co, beide mit knapp 13 000 und 6000 Stunden recht erfahren, ein Tabu. In ihren Lizenzen für Verkehrsluftfahrzeugführer limitiert sie der Eintrag „Entscheidungshöhe 60 Meter/200 Fuß" für Anflüge nach Kategorie I.

Das heißt nicht, dass sie den Anflug nach Übermittlung des Wetters hätten abbrechen müssen. Die europaweit vereinheitlichten Vorschriften im Luftverkehr gestatten selbst bei dermaßen hoffnungslos erscheinenden Sichten, einen Anflugversuch zu beginnen: Nach JAR-OPS 1.40 (a), den Bestimmungen der JAA über die gewerbsmäßige Beförderung von Personen und Sachen, darf man ungeachtet der gemeldeten Pistensichtweite einen Instrumentenanflug beginnen. Bis zum Voreinflugzeichen, aber nicht weiter, wenn die gemeldete Sicht geringer ist als die vorgeschriebenen Mindestwerte.

Um 9:30 Uhr aktualisiert der Tower die Sichten auf der Bahn mit 250, 250 und 270 Meter. Die beiden Piloten zeigen sich unbeeindruckt, rauschen im Nebel weiter das ILS herunter. Was dann geschieht, sieht wegen des Nebels niemand: Zirka 300 Meter vor der Bahn und rund 40 Meter nördlich der Anfluggrundlinie setzt der Businessjet kurz auf einer Wiese auf und startet augenblicklich durch.

Basel Tower wird über den Go around informiert, dann herrscht Schweigen am Funk. Wo sind diese Deutschen, die im Nebel nach der Runway gestochert haben? Ist etwas passiert? Trotz mehrfacher Versuche erreichen die Lotsen den Jet die nächsten zweieinhalb Minuten nicht. Mit dem Hinweis, das Wetter liege unter dem Minimum, verabschiedet sich die Citation-Crew nach dieser Funkpause schließlich nach Stuttgart.

Mit Unfallflucht ist das so eine Sache: Kann gut gehen – oder auch nicht. Nehmen wir beispielsweise an, ein Autofahrer beschädigt beim Ausparken mit seinem Pkw in einem Parkhaus ein anderes Fahrzeug. Wenn er Glück hat und es keine Augenzeugen oder Videokameras gibt, stehen die Chancen gut, sich unerkannt aus dem Staub zu machen. Lediglich zerbrochenes Blinkerglas oder Lackspuren könnten den Unfallrowdy später überführen.

Eine „Pilotenflucht" bleibt hingegen nicht so leicht unentdeckt. Im Fall der Citation-Crew sind die Hinterlassenschaften ein paar Nummern größer: Bei ihrem touch and go auf der Wiese brechen tragende Teile des linken Fahrwerks sowie eine Antenne ab.

Auf dem Rückflug nach Stuttgart melden die beiden Piloten, sie hätten Probleme mit dem Fahrwerk, es sei nicht richtig eingerastet und baumle – von der Wieseneinlage kein Wort. Auf dem Verkehrsflughafen wird neben der Runway ein Grasstreifen gewässert, dort soll der lädierte Jet aufsetzen. Bei einem tiefen Vorbeiflug am Tower erkennen die Lotsen, dass das linke Hauptfahrwerk etwa 20 Grad nach außen gekippt und das Rad um zirka 30 Grad nach links außen gedreht ist. Bei der anschließenden Notlandung wird der Jet schwer beschädigt, die Piloten bleiben unverletzt.

Später wird der Pilot gegenüber den Experten der Flugunfall-Untersuchungsstelle die Version vortragen, dass das Fahrwerk beim Ausfahren im Endteil in Basel nur zu zwei Dritteln ausgefahren und nicht verriegelt gewesen sei sowie das entsprechende grüne Kontrolllämpchen, das ein „Down and locked" signalisiert, nicht geleuchtet habe. Alternative Notmaßnahmen zum Ausfahren des Gears hätten nichts gebracht. Kein Wort aber zum Touchdown.

Bei der Untersuchung des Fahrwerks finden die Untersucher keine Hinweise auf technisches Versagen. Und noch etwas: Die Art der Schäden deutet mit sehr hoher Wahrscheinlichkeit darauf hin, dass das Fahrwerk ausgefahren und verriegelt gewesen sein muss.

Was ist tatsächlich während des Flugs genau passiert? Die Radaraufzeichnung werden ausgewertet, und im Anschluss bittet man die französischen Kollegen, doch mal die Wiese vor der Bahn in Basel-Mühlhausen auf Spuren abzusuchen. Und tatsächlich finden sich dort die Fahrwerksteile und die Antenne der Citation – wenn auch erst nach sechs Monaten. Somit konnte man den beiden Piloten ihren halsbrecherischen Nebelanflug samt Bodenberührung nachweisen. Für sie dürfte es vor Gericht schwer werden, eine plausible Erklärung zu finden, warum sie den Anflug fortsetzten und die Entscheidungshöhe unterschritten. Ihnen wird die Gefährdung des Luftverkehrs nach Paragraph 315 StGB vorgeworfen. Luftfahrtrechtlich versierte Juristen gehen davon aus, dass die Wahrscheinlichkeit eines Lizenzentzugs sehr hoch ist. Und ob die Versicherung bei diesem Sachverhalt den Schaden bezahlen wird, dürfte mehr als fraglich sein.

Der Jet, hierzulande ein wirtschaftlicher Totalschaden, ist zwischenzeitlich repariert worden und fliegt bereits wieder in den Vereinigten Staaten.

Markus Wunderlich

Die Auswertung der Radaraufzeichnung ermöglichte die Rekonstruktion des Flugwegs – und wies den Untersuchern den Weg, wo zu suchen war.

Motorkollaps und Pilotenpatzer

Fatale Umkehrkurve Bei diesem Flug ging fast alles schief: Weil er vermutlich den Motor falsch bedient hatte, bekam der Pilot einer Antonov-2 im Steigflug die Quittung – Triebwerkausfall. Doch damit nicht genug, es folgte ein waghalsiges Rettungsmanöver …

Ein tiefes, sattes Brummen erfüllt die Luft, das stakkatoartige Geknatter verrät: Hier verrichtet ein hubraumstarker Sternmotoren-Saurier seine Arbeit. Im Schneckentempo kriecht mit scheunentorähnlicher Silhouette die Hummel unter den Doppeldeckern an Wolken vorbei – die russische Antonov An-2 ist eines der absonderlichsten Flugzeuge, das man heutzutage am Himmel sehen kann. Die Abkürzung „An" könnte genausogut für Anachronismus stehen, denn als solcher muss dieser Apparat heutzutage erscheinen. Eigentlich ein Youngster unter den Oldies, wird die behäbig wirkende Wuchtbrumme vom fachunkundigen Betrachter aufgrund der Auslegung als Anderthalbdecker zeitlich gerne in den frühen Jahren der Motorfliegerei angesiedelt. Tatsächlich wurde sie aber bis in die 1990er-Jahre gebaut. Gerade sein Nostalgie-Bonus ist es, der den robusten Russen zum gern gesehenen Gast auf Airshows und zum soliden Arbeitstier für Rundflüge macht. Ein Flugzeug für Liebhaber.

Als Clubmitglied Antonov fliegen

So wie der flugbegeisterte Privatpilot aus St. Moritz, Schweiz, der im Februar 2003 den „Anuschka Club International" gründet. Dessen Mitglieder sollen die Möglichkeit erhalten, eine An-2 zu steuern. Dazu least man eine Maschine von einer litauischen Gesellschaft, die zudem einen 37-jährigen litauischen Fluglehrer stellt. Clubmitglieder sollen als Privatpiloten die Antonov vom rechten Sitz aus fliegen. Am späten Nachmittag des 15. März 2003 ist ein

Das Ende einer Umkehrkurve mit stehendem Triebwerk. Aus dieser lädierten Antonov entkamen zwei Passagiere und der Pilot – unverletzt, weil sie die Beckengurte angelegt hatten.

Fatale Umkehrkurve   27

Rekonstruierter Flugweg nach dem Start von Samedan samt Umkehrkurve. Das Antonovfahrwerk streifte durch die Wipfel des Auenwalds, dann kam der Überschlag.

derartiger Flug geplant. Nach einem 25-minütigen Trainingsflug mit Gästen kehrt die Antonov zum schweizerischen Flughafen Samedan zurück. Der Pilot reduziert für den Sinkflug die Motorleistung aufs Minimum, die Vergaservorwärmung steht auf einer Zwischenstellung. Am Gebirgsplatz steigen alle fünf Mitflieger aus und zwei Passagiere zu. Der litauische Pilot lässt den Shvetsov-Sternmotor währenddessen leicht über der minimalen Leerlaufdrehzahl rumpeln. Die Vergasertemperatur liest er mit fünf Grad Celsius ab.

Gleich darauf geht es weiter. Mit blubberndem Neunzylinder steht der mächtige Doppeldecker um kurz vor halb sechs abends auf der „03", 1800 Meter Asphalt vor sich. Mit den Klappen auf 20 Grad hebt die Maschine nach kurzem Startlauf ab, in 60 Meter über Grund fährt der Pilot die Klappen auf fünf Grad und reduziert die Triebwerksleistung.

Was mag das für ein Gefühl für einen Piloten sein, wenn das sonore Brummen des Motors von einer Sekunde auf die andere erstirbt und nur noch das Rauschen des Fahrtwinds zu hören ist? Für den Litauer wird diese Horrorvorstellung Realität: In 120 bis 130 Meter versagt das 1000-PS-Kraftpaket schlagartig seinen Dienst. Ohne Vorankündigung. Die Hand des Piloten schnellt zum Gashebel, mehrmals schiebt er ihn vor und zurück, über die damit aktivierte Beschleunigerpumpe erhält der malade Motor zusätzlichen Sprit. Keine Reaktion. Sofort drückt der mit über 3000 Stunden – davon gut 440 auf der An-2 – erfahrene Mann am Steuer das Höhenruder, um dem antriebslosen Doppeldecker lebensnotwendige Fahrt zu sichern.

Dann seine Entscheidung: Die Höhe reicht, also Umkehrkurve nach links, um auf der „21" aufzusetzen. Im 140 Stundenkilometer schnellen Sinkflug leitet der Pilot die Kurve aus, rechts neben der Pistenachse versetzt. Mit einem Kurs von etwa 150 Grad nähert sich die Maschine der rettenden Bahn.

Davor sind Bäume zu überwinden. Auch das gelingt dem Piloten, indem er die Landeklappen ein wenig ausfährt. Doch die Räder touchieren leicht die Wipfel. Dadurch wird die Antonov abgebremst – bis auf die Bahn, das merkt der Pilot jetzt, wird er es wohl nicht mehr schaffen. 350 Meter nach Pistenanfang und zirka 20 Meter neben der Runway setzt sich die Einmot auf die rund 40 Zentimeter dicke Schneeschicht, die Räder sinken ein, das Flugzeug überschlägt sich und bleibt auf dem Rücken liegen. Die Insassen kommen unverletzt davon, nicht zuletzt, weil sie ihre Beckengurte angelegt haben.

Gleich nach dem Unfall Sprit abgelassen

Noch bevor irgendein Unfalluntersucher die Antonov in Augenschein nehmen kann, lässt der Clubgründer 300 Liter Treibstoff aus den Tanks ab. Laut dem litauischen Piloten schwappten vor dem Abflug 500 Liter Sprit in den Tanks. Eine erste Besichtigung des Cockpits ergibt, dass der Gemischhebel 20 Milimeter vor dem vorderen Anschlag (armes Gemisch) und die Vergaservorwärmung 30 Milimeter in Richtung „Vorwärmung geöffnet" stand.

Die Eidgenossen holen sich für die Ursachensuche Hilfe aus Deutschland. Ein Luftfahrtsachverständiger und ein Prüfer, beide seit langem im Besitz einer Typen- und Lehrberechtigung für die An-2, sezieren im Auftrag des Büros für Flugunfalluntersuchungen den Unfallmotor.

Die beiden Antonov-Profis stoßen auf eine Reihe von Nachlässigkeiten: Neben der Zulassungsurkunde fehlt an Bord des Doppeldeckers ein Flughandbuch, in dem beispielsweise Leistungsdiagramme sowie Anroll- und Startstreckentabellen stehen. Betriebszeiten und Arbeiten am Motor lassen sich nur übers Bordbuch und Motorjournal ermitteln, dabei kommen Streichungen, Neueinträge sowie mehrere geringfügige Differenzen zum Vorschein.

Ihr Fazit der technischen Analyse des Triebwerks: An den mechanisch bewegten Teilen des Motors, am Gehäuse und den Aggregaten lassen sich keine Mängel feststellen, die zu einem plötzlichen Stillstand hätten führen können.

In ihrer Beurteilung halten die schweizerischen Untersucher folgendes Szenario für wahrscheinlich: Während der Doppeldecker vom ersten Flug zurückkehrte, könnte es im Sinkflug zu einer Vergaservereisung gekommen sein. Zum Unfallzeitpunkt lag die Temperatur bei null Grad. Der Pilot hatte die Vorwärmung auf fünf Grad Celsius justiert, was für einen konstanten Reiseflug ausreichend gewesen wäre – nicht jedoch, wenn sich bereits geringfügig Eis im Vergaser gebildet hat.

Da dieser Umstand aber kaum für einen plötzlichen Motorausfall ausreicht, zogen die Untersucher zudem eine falsch eingestellte Gemischregulierung in Betracht, was sich im Nachhinein aber nicht mehr beweisen ließ. Begünstigt durch die große Dichtehöhe am Unfallort hätte es durch ein zu fettes Gemisch zum augenblicklichen Stillstand des Triebwerks kommen können. Wiederholtes Pumpen mit dem Gashebel, um dem Motor über die Beschleunigerpumpe des Vergasers zusätzlich Sprit zuzuführen, hätte das Gemisch weiter angereichert.

Dass niemand an Bord zu Schaden kam, ist übrigens kein Verdienst des Piloten: Mit seiner Umkehrkurve verstieß der Fluglehrer unter den gegebenen Umständen gegen elementare Verhaltensregeln bei Motorausfall nach dem Start. Ähnliche Fälle, in denen das waghalsige Manöver Umkehrkurve tödlich ausging, füllen die Regale von Unfalluntersuchern weltweit …

Markus Wunderlich

Heißer statt leiser

Tödliches Experiment Propellermaschinen mit Pusherantrieb sind lauter als „Frontantriebler". Bei dem Versuch, seine Velocity leiser zu bekommen, halste sich ein Schweizer Amateurflugzeugbauer Hitzeprobleme auf – die brandgefährlich wurden

Flugzeuge von der Stange sind nicht jedermanns Sache. Bausatz kaufen, seine eigene Maschine entstehen sehen und dabei ordentlich Geld sparen – das ist für viele Piloten ein Traum. Erst recht, wenn es sich dabei um Exoten wie die Velocity handelt: Flugzeuge nach dem Canard-Konzept glänzen im Vergleich zu herkömmlichen Konstruktionen durch bessere Leistungen. Piloten schwärmen von den Flugeigenschaften des Entenflüglers. So sind beispielsweise durch die außen liegenden Seitenruder koordinierte Kurven quasi eingebaut. Und weil beim Stall die Strömung erst am Canard abreißt, bleibt der Hauptflügel immer „gesund" und die Steuerbarkeit erhalten. Nebenbei: Entenflügler sehen verdammt gut aus.

Am 10. Juli startet um 10:28 Uhr eine Velocity 173 RG vom Flugplatz Grenchen. An Bord des Tandemsitzers sind der Erbauer und ein Fluggast. Ihr Ziel ist Straubing in Niederbayern. Dort sollen bei MT-Propeller Lärmmessungen durchgeführt werden.

Eine halbe Stunde ist die Einmot unterwegs, als der 58-jährige Pilot Zürich-Information mitteilt, er habe ein Problem mit dem elektrischen System und kehre zurück. Einer Anweisung nach einem neuen Transponder-Code kann er nicht nachkommen: Das Gerät sei ausgefallen, sagt er. Das ist das Letzte, was man von ihm hört.

Mehrere Augenzeugen verfolgen die rauchende und brennende Maschine nördlich von Würenlingen, einer Gemeinde im Bezirk Baden, Kanton Aargau. Dort stürzt das Experimental in ein Maisfeld, beide Insassen kommen ums Leben.

Velocity: Beliebter Entenflügler mit toller Performance – doch kein Flugzeug von der Stange.

Unfalluntersuchung bedeutet detektivische Puzzlearbeit. Doch wo will man an einem Wrack anfangen, wenn vom Rumpf samt Interieur und Cockpit nur Laminatgewebe übrig blieb (siehe Bild Seite 32)?

Aufschlussreich war für die Experten des Büros für Flugunfalluntersuchungen die Analyse der Bauunterlagen. Wie in Deutschland auch sind in der Schweiz Eigenbauer organisiert. Der Verband „Experimental Aviation of Switzerland" (EAS) unterstützt die Amateure in den Bereichen Administration und Planung, Kontrollen am Boden, Flugerprobung sowie Zulassung durch das Bundesamt für Zivilluftfahrt (BAZL).

Ein Blick in die Zulassungsunterlagen offenbarte: Der Mann hatte massive Probleme, seine Maschine leise zu bekommen. Und zwar so leise, dass sie durch das Nadelöhr Lärmmessung gepasst hätte. Denn die muss abgeschlossen sein, bevor das BAZL ein Lärmzeugnis ausstellt. Erst nach vollständig durchgeführter Flugerprobung rückt die Behörde das begehrte definitive Lufttüchtigkeitszeugnis heraus. Zwei Messflüge im Juni 2002 und Mai 2003 durch die EAS in Grenchen verliefen negativ.

Ursprünglich wird bei der vom Konstrukteur vorgegebenen Auspuffanlage die Verbrennungshitze auf kürzestem Weg aus dem Motorraum geführt. Damit ist die Maschine zu laut, um die hohe Hürde des Schweizer Lärmgrenzwerts zu packen. Aus diesem Grund entschloss sich der Besitzer vermutlich, die Schalldämpfer innerhalb des Motorraums einzubauen. Die Auspuffanlage der Unfallmaschine bestand aus direkt an den Auspuffflanschen montierten Inox-Kompensatoren (ein Faltenbalg aus rostfreiem Stahlblech), welche beidseitig zu je einem Liese-Schalldämpfer führten. Diese mündeten in einem über dem Motorblock angeordneten Auspufftopf. Der war links und rechts mit Abgangsrohren versehen, die durch die Motorverkleidung ins Freie führten. Diverse Teile der Auspuffanlage waren mit Hitzeschutzbandagen umwickelt.

Die Schalldämpfer samt Auspufftopf wurden erst nach der Zulassung durch das BAZL im Dezember 1998 montiert und von einem Bauberater der EAS begutachtet. Dieser machte in seinem Bericht Auflagen, die teils vor und teils nach der Zulassung zu erfüllen waren. Kontrolliert hat das niemand, denn bei der EAS ging man davon aus, das BAZL sei dafür zuständig – und die Behörde sah die Zuständigkeit beim Verband der Amateurflugzeugbauer.

Die Maschine war mit einem Lycoming IO-360 mit Einspritzanlage ausgerüstet. Im Mai 2003 wurde an dem Vierzylinder samt Propeller die 100-Stunden-Kontrolle erledigt. Dabei führte man gleich vier Lufttüchtigkeitsanweisungen aus. Der Betrieb, der die Arbeiten erledigte, stellte zur vorgefundenen Situation im Motorraum fest: „Die komplette Auspuffanlage mit Schalldämpfer befand sich im Motorraum. Außerdem fiel die unfachmännische Montage der Auspuffanlage auf (…). Der Motorraum war gänzlich vollgepackt mit Auspuffrohren".

Der Erbauer muss in den Bereichen Triebwerk und Auspuff sowie Kraftstoffversorgung mit erheblichen thermischen Problemen zu kämpfen gehabt haben. Nach und nach versuchte er, durch immer größeren Einsatz von Isolationsmaterial die Hitzeentwicklung in den Griff zu bekommen. Der Mitteldecker war mit einem elektronischen Motorüberwachungs-Instrument ausgerüstet. Zur zusätzlichen Überwachung des Motorraums war eine Kamera installiert. Diese fiel jedoch regelmäßig nach einer Triebwerklaufzeit von etwa 15 Minuten aus, weil es unter der Cowling zu heiß wurde.

Dazu gesellte sich noch ein weiteres Hitzeproblem: Der Ölkühler war im Bug eingebaut.

Nach dem Aufschlag verbrannte die Maschine fast vollständig.

Das Öl musste also über ein Leitungssystem zum Bug und wieder zurück fliessen. Diese Auslegung führte jedoch beim Stillstand des Flugzeugs oder bei geringen Geschwindigkeiten in Verbindung mit hoher Motorleistung zu bedenklichen Schmierstoff-Temperaturen. Eine 1999 durchgeführte Änderung brachte nichts, die Flugerprobung musste mehrmals wegen zu hoher Öltemperatur abgebrochen werden.

Wie kam es aber zum Feuer beim Flug? Die Experten fokussierten ihre Untersuchung auf das Treibstoffsystem. Der Spritverteiler mit seiner gummiähnlichen Membran war unmittelbar oberhalb des Motorblocks und in direkter Nähe des Schalldämpfers angebracht. Spezialisten schliessen nicht aus, dass die Membram (vermutlich durch Hitze vorgeschädigt) irgendwann dem Treibstoffdruck nicht mehr standhalten konnte und Avgas austrat – in ein äusserst zündfreudiges Umfeld. Die Liese-Schalldämpfer verursachten einen hohen Abgasgegendruck. Gut möglich, dass während des Unfallflugs am Auspuff ein Riss entstand. Ausströmende heisse Verbrennungsgase dürften zum Ausfall des Alternators geführt haben. Dadurch muss sich rasch die Batterie entleert haben, wodurch zuerst der Transponder, später das Funkgerät ihren Dienst versagten.

In diesem Zustand zurück nach Grenchen zu fliegen, hielten die Untersucher in ihrem Abschlussbericht für unzweckmässig. Denkbar, dass der Pilot nochmals seine Absichten änderte und nach Birrfeld wollte, wie die Aufzeichnungen des Kurses nahe legen. Denn obwohl er die Rauchspur hinter sich wohl kaum gesehen haben dürfte, musste er spätestens bei den ersten Motoraussetzern an eine Notlandung denken. Ein einfacher Rückspiegel, so führen die Untersucher übrigens an, hätte dem Piloten geholfen, die Lage besser zu beurteilen.

Woran sich nun der Sprit entzündete, konnte nicht mehr geklärt werden. Dass er eine erhebliche Rolle spielte, zeigt die Schnelligkeit, mit der sich die Flammen ausbreiteten. Der mit knapp 450 Stunden erfahrene Pilot musste völlig von der explosionsartigen Ausbreitung der Flammen überrascht worden sein. Es ist plausibel, dass er dadurch die Kontrolle über die Einmot verlor und die Maschine abkippte. Als beitragende Faktoren zählen die Unfalluntersucher auf:

- unzweckmässige Konstruktion der Auspuffanlage
- zu spät verfügbare Informationen für eine umfassende Lagebeurteilung
- Leistungsabfall oder Ausfall des Motors in der Endphase der Notlandung.

Wie lassen sich solche Unfälle vermeiden? Das BAZL hat der EAS empfohlen, Velocity-Maschinen mit einem „fire detection system" auszustatten. Die Bauvorschriften nach FAR 23.1203 (a) (iii) besagen nämlich, dass eine solche Warneinrichtung in Flugzeugen eingebaut sein muss, in denen der Pilot vom Cockpit aus das Triebwerk nicht im Blickfeld hat.

Markus Wunderlich

Zu dritt gestartet, zu zweit gelandet

Verbandsflug? Da liegt Kollisionsgefahr in der Luft. Im Fall eines Schweizer Trios funktionierte die Formation. Aber dann …

September 2001: Anlässlich des 40-jährigen Jubiläums des Flugplatzes Reichenbach, Kanton Bern, lädt die dortige Motorfluggruppe zu einer Feier ein. Am späten Nachmittag brechen drei Teilnehmer auf. Die Piloten einer One Design DR107, Bücker 131 sowie Christen Eagle II beschließen, den Rückflug gemeinsam anzutreten. Für den Abschied planen sie eine nette Geste: In Dreierformation wollen sie über den Platz fliegen. Es wird abgemacht, dass die Bücker als Schwächste im Trio die Führung übernehmen soll. Die linke Position ist für die One Design, die rechte für die Christen Eagle gedacht. Sowas ist schon hübsch anzusehen.

Nach dem Start und Zusammenschluss sinkt die Formation in der Platzrunde auf die „04" entlang der Pistenachse auf etwa 500 Fuß über Grund. Als die drei die Schwelle der „22" passieren, gibt der One Design-Pilot das Kommando zum Auflösen. Ihm und dem Bücker-Piloten gelingt das auch ganz gut: Die Jungmann fliegt einfach geradeaus, und nachdem sich ihr Pilot vergewissert hat, dass seine Flügelmänner abgedreht haben, steigt er weg. Sein Kollege in der One Design tut das gleiche, und zwar nach links. Mit einem Blick zur Christen Eagle vergewissert er sich, dass deren Pilot (850 Stunden erfahren, davon über 360 auf der Aerobaticmaschine) sich nach rechts oben davonmacht – passt! Beruhigt dreht er sich wieder nach vorn und nimmt Heimatkurs auf.

Damit bleibt ihm der Anblick dramatischer Szenen erspart: Als sich der Verband aufgelöst hat, steigt der US-Doppeldecker nach rechts weg. Zeugen schätzten den Winkel auf 60 Grad. Nach einer Kurve um 180 Grad scheint der Radius jedoch enger zu werden, gleichzeitig verliert die Akro-Maschine an Höhe. Fliegerisch versierte Zeugen hatten den Eindruck, sie kippe über die rechte Fläche ab. Hinter einem Wald verlieren sie den trudelnden Doppeldecker aus den Augen. Der Tandemsitzer streift noch Baumwipfel, bevor er auf den Boden prallt. Der hinten sitzende Pilot kann schwerverletzt aus dem Wrack befreit werden, ein Rettungshubschrauber bringt ihn ins Krankenhaus. Später kann sich der Pilot nicht mehr an den Unfallhergang erinnern. Die Zuschauer am Boden geben an, Knallgeräusche gehört zu haben. Ein Fluglehrer spricht von einem „Leerlaufknall". Somit liegt der Schluss nahe, dass der Pilot die Eagle noch abfangen wollte und dazu das Gas herausnahm – vergebens. Der 48-jährige Schweizer hat wohl den Bäumen, die die Aufprallenergie verringerten, sein Überleben zu verdanken.

Warum er jedoch den Kurvenradius verringerte und somit dem Stall Tür und Tor öffnete, konnten auch die Unfalluntersucher nicht erklären. Somit lautet der Schluss in ihrem Bericht kurz und knapp: Kontrollverlust in Bodennähe mit anschließender Kollision.

Markus Wunderlich

Überlebbar? Nur schwer vorzustellen. Dennoch: Retter zogen den Piloten – wenn auch schwerverletzt – aus dem hinteren Sitz dieser Christen Eagle II.

Solide und bewährt: Businessjet Gulfstream IV, hier die SP-Version

Heiße Angelegenheit

Notlandung durchs Gewitter Ein defektes Rohrstück hat nicht nur einer Gulfstream IV eingeheizt. Auch die Crew kam bei dem Vorfall mächtig ins Schwitzen

Es ist ein Gefühl der Hilflosigkeit. Obwohl IFR-Piloten zur Orientierung nicht auf ihre Sinneseindrücke, sondern eher auf den Künstlichen Horizont angewiesen sind, kommt unter der Sauerstoffmaske automatisch das Gefühl auf, gehandicapt zu sein: Was hat der Lotse da gerade eben gesagt? Und warum muss das Visier immer anlaufen, wenn man spricht! Was im Simulator oder bei Trockenübungen am Boden noch irgendwie machbar ist, unterliegt im Ernstfall einer entscheidenden Verschärfung: Es gibt im Flug immer einen guten Grund, wenn man die Dinger aufsetzt. Rauch im Cockpit zum Beispiel, oder plötzlicher Druckabfall samt Sauerstoffmangel. Während man also versucht, sich mit den übelriechenden Gummimasken zu arrangieren, rattert im Kopf die Fehlersuche. Dazu gesellt sich dieses mulmige Gefühl über den Ausgang des Flugs. Wenn dann draußen noch Blitze am Himmel zucken …

Die Crew einer Gulfstream macht sich an einem Augusttag zeitig auf den Heimweg nach Dubai. Um 8:10 Uhr schiebt der 55-jährige Kapitän des Jets aus dem Emirat die Powerlever nach vorn, um die Maschine auf der Piste 28 des Verkehrsflughafens Zürich bis zur Rotatiospeed zu beschleunigen. Mit 12 720 Stunden ist er überaus erfahren, sein 40-jähriger Co hat 7237 Stunden auf dem Buckel.

Hinterm Cockpit sitzen drei Mann in der Kabine. Sie hören kurz nach dem Start, just als die Piloten den Schalter für die Flügelenteisung betätigen, im Bereich der linken Flügelwurzel ein lautes Zischen. Besorgt informieren sie das Cockpit. Dort fängt es an ungemütlich zu werden: Die linke Treibstoffanzeige sinkt auf Null, und am „engine in-dicating and crew alerting system" (EICAS) erscheint plötzlich die Fehlermeldung „R WING HOT". Sie verschwindet erst, als die Piloten das Anti-Eissystem der rechten Fläche ausschalten. Derweil stellt der mitfliegende Mechaniker Alarmierendes fest: Dort, wo's zischt, erwärmt sich der Kabinenboden, zudem wabert beißender Geruch durchs Flugzeug. Als die Piloten davon erfahren, gibt's nur eins – sofort zurück nach Zürich. Der Gestank erreicht das Cockpit, vorsichtshalber setzen Kapitän und Co die Sauerstoffmasken auf. „Quite a bad smell of smoke", melden sie dem Flugverkehrsleiter beim Durchfliegen von Flugfläche

Über der linken Fläche ein Rohrschacht des Anti-Eissystems, hinter der Verkleidung die Unterbrechung im Rohrsystem – heiße Luft trat aus und „heizte" dem Jet ein. Kleine Ursache: Zwei Nieten der Schelle setzte Korrosion zu, bis sie brachen.

204 sowie ihre Absicht, umzukehren. Sofort erhalten sie Radarvektoren zum ILS der Piste 16. Später werden die Piloten berichten, dass sie zu diesem Zeitpunkt durch Gewitter, Turbulenzen und Blitze fliegen mussten – „we need to get on the ground as soon as possible" bedrängen sie den Controller. Denn auf einen Schlag prasseln Fehlermeldungen über die Männer herein: Beim Ausleveln auf FL 120 erscheint die Meldung „L AOA HEAT FAIL" (AOA = angle of attack). Ein – beheizbarer – Sensor misst den Winkel der Flugzeuglängsachse zur angeströmten Luft). Dann meckert der Autopilot und das automatische Schubregelsystem. Mehrfach meldet sich der „stick shaker" (ein künstlich erzeugtes Schütteln am Steuerhorn, das Piloten vor dem nahenden Stall warnt), schließlich verabschiedet sich der „yaw damper".

Während des Sinkflugs verzieht sich der Geruch. Gut 20 Minuten nach dem Abheben meldet die Flight Crew, die „16" in Sicht zu haben, woraufhin sie die Masken abnimmt. Nun arbeitet auch die linke Kraftstoffanzeige wieder korrekt. Und erinnert die Piloten daran, dass die Tanks ja noch randvoll sind, also eine Landung mit Übergewicht ansteht: Maximal 26 535 Kilo darf der Jet beim Aufsetzen auf die Waage bringen. Die lädierte Gulfstream muss jedoch mit 31 298 Kilo runter – was problemlos gelingt.

Beim Öffnen des Rohrschachts über der linken Fläche (siehe Bilder oben) entpuppt sich eine Klemmschelle, an der zwei Nieten aufgrund von Korrosion gebrochen sind (ganz rechts), als Übeltäter. Durch das Versagen der Schelle gerieten die beiden Rohrstücke des „wing anti-ice duct" auseinander, der heiße Druckluft vom linken Triebwerkkompressor zur linken Flügelvorderkante führt. Erhitzte Luft trat aus und erwärmte den Kabinenboden, wodurch der Gestank zu erklären ist. Durch den sinkenden Druck im Anti-Ice-System öffneten sich Kontrollventile, dadurch stieg die Temperatur im rechten Flügel stark an und löste im Cockpit Alarm aus. Die restlichen Warnungen können die eidgenössischen Untersucher nicht konkret mit dem Austreten der Heißluft in Verbindung bringen.

Der Wartungsbetrieb des Flugbetriebsunternehmens führte in der Schweiz einen detailierten und aufwendigen „overweight landing check" durch. Fazit: Der Jet hatte die übergewichtige Landung unbeschadet überstanden.

Und die Piloten? Die Folgen eines Unfalls sind am Menschen nicht messbar wie an einer Maschine. Doch sehr wahrscheinlich dürften die beiden noch eine zeitlang über diesen „ereignisreichen" Flugabbruch sinniert haben.

Markus Wunderlich

Eisige Angelegenheit

Crash beim Take-off Eine Cessna 414 rollt am österreichischen Flughafen Linz mit fünf Passagieren zum Start. Die Piloten geben Gas, die Maschine beschleunigt normal und hebt ab. Plötzlich überschlagen sich die Ereignisse

Es ist ein kalter Februartag, als die beiden Berufspiloten frühmorgens kurz vor sechs Uhr Ortszeit in Linz landen. Sie haben die Cessna-Zweimot gerade aus Wien-Schwechat überführt, um hier fünf Passagiere aufzunehmen. Ein ereignisloser Flug, bei dem lediglich Eis an der Flügelvorderkante für erhöhte Aktivität im Cockpit sorgte. Beide Crewmitglieder beobachteten dies mit ihren Taschenlampen, schätzten den Eisansatz aber als so gering ein, dass sie auf die pneumatische Enteisung der Boots verzichteten. Nach dem Boarding soll es weiter nach Stuttgart führen. Bevor er einsteigt, greift einer der beiden Piloten noch einmal an die Fläche und befühlt den Eisansatz, sieht aber keine Schwierigkeiten. Sein Kollege überprüft noch kurz das Querruder und schätzt den Eisansatz dort ebenfalls als unkritisch ein. Nach dem Engine-Check rollt die 414 zur „27" und beschleunigt. Bei 105 Knoten rotiert der Pilot. Unmittelbar nach dem Abheben registriert er einen hohen Anstellwinkel, dazu eine leichte Querlage nach links, verbunden mit Gieren in die gleiche Richtung. Um den Kurs zu halten, tritt er ins rechte Seitenruder, da er das Gieren als möglichen Leistungsabfall des linken Motors interpretiert. Auf seine Aufforderung hin fährt der Copilot ungewöhnlich früh das Fahrwerk ein – wohl um den Widerstand zu verringern.

Spätestens jetzt läuft der Start völlig aus dem Ruder: Die Zweimot gewinnt keine Höhe, sondern schleppt sich im Bodeneffekt mit hohem Anstellwinkel die Runway entlang. Knapp 1000 Meter nach der Schwelle bekommen die linke Fahrwerksklappe und der linke Prop Bodenberührung. Trotzdem hoffen die Piloten noch auf ein Gelingen des Starts und lassen die Leistung stehen. Sekunden später touchiert auch der Schleifsporn am Heck den Boden, die Fahrt schrumpft. Zu allem Unglück streift noch der rechte Prop den Boden. Nun geht nichts mehr: Die Twin schlittert die Bahn entlang und kommt etwa eineinhalb Kilometer nach der Schwelle zum Stehen.

Einen Moment herrscht Stille, dann folgt hektische Betriebsamkeit: Der am Einstieg sit-

An der Flügelvorderkante hatte sich Eis gebildet. Der Schnee auf der Tragfläche fiel erst nach dem Unfall.

zende Fluggast öffnet die Tür, er und alle Insassen verlassen benommen das Wrack. Einer der Passagiere bricht sich bei dem Unfall einen Lendenwirbel, die Cessna erleidet wirtschaftlichen Totalschaden.

Warum aber kam die Maschine nicht richtig in die Luft? Die Unfallermittler konzentrierten sich schnell auf zwei Bereiche: Vereisung und Mass & Balance. Sie stellen unmittelbar nach dem Crash beträchtlichen Eisansatz an der Twin fest. Das gefrorene Nass hat die Vorderkante des Profils im Bereich des Staupunkts für den Sinkflug „modifiziert" und durch den verkleinerten Nasenradius die aerodynamischen Verhältnisse verschlechtert. Dadurch, so die Unfallermittler, sei es unwahrscheinlich, dass die Strömung an der Oberseite der Flügel nach dem Rotieren mit hohem Anstellwinkel habe anliegen können. Die Folge sei der sackflugähnliche Zustand im Bodeneffekt gewesen.

Zudem war die Twin laut den Experten um etwa acht Prozent überladen. Auch der Schwerpunkt lag nach ihren Berechnungen um knapp 37 Prozent außerhalb des erlaubten Bereichs. Die Maschine sei daher stark schwanzlastig gestartet; wegen des Eisansatzes in Kombination mit Überladung und unzulässigem Schwerpunkt kam die Zweimot nicht vom Boden.

Als Absturzursachen nennen die Unfallermittler ein ganzes Bündel von Versäumnissen und Fehlern: mangelhafte Flugvorbereitung, Nichtbeachten des Flughandbuchs, Nichtentfernen der Vereisung an Fläche und Leitwerk, acht Prozent Überladung, Schwerpunktlage hinter dem zulässigen Bereich sowie Fehleinschätzung über den Zeitpunkt der Fahrwerksbetätigung. Der Pilot Flying, mit insgesamt über 2500 Stunden, davon 830 auf dem Unfallmuster recht erfahren, war mit diesem Ergebnis der Unfallermittler alles andere als einverstanden. In einem Anhang des offiziellen Unfallberichts

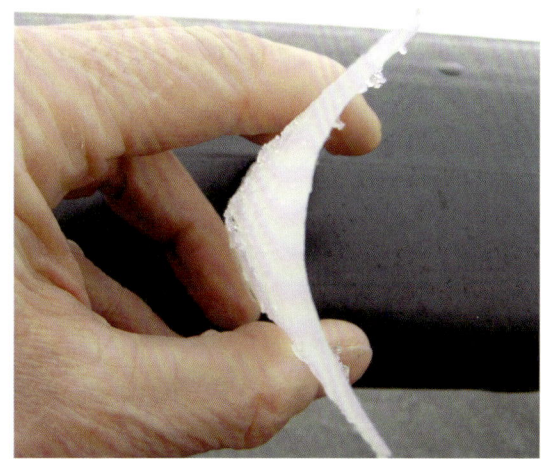

So hat der Eisansatz an der Fläche deren Profil verändert.

legt er Wert auf die Feststellung, dass seiner Ansicht nach ein Fehler des linken Triebwerks aufgetreten sei. Durch diesen Motor- oder Turboladerdefekt sei das Flugzeug ins Gieren nach links geraten. Um zu verhindern, dass sich die Twin bei der Landung jenseits der Runway überschlage, habe er seinen Copiloten angewiesen, das Fahrwerk einzufahren.

Zum Vorwurf der Überladung gibt er an, dass der Winglocker-Tank – anders als von den Ermittlern eingeschätzt – leer gewesen sei. Deshalb sei die Höchstabflugmasse nicht überschritten worden, der Schwerpunkt habe sich nur „marginal außerhalb des Envelopes" bewegt.

Und auch zum Eisansatz hat der Pilot eine abweichende Meinung: Er besteht darauf, dass nach seinen Messungen sowie denen der Unfallforscher die größte Dicke des Eises sechs Millimeter an der Vorderkante des Tragflügels sowie am Höhen- und Seitenleitwerk betragen habe. Die Folgerung, dass diese seiner Ansicht nach „geringe" Menge von glattem Eis an der Flügelvorderkante zu einer wesentlichen Veränderung der aerodynamischen Verhältnisse geführt habe, hält er deshalb für „unrichtig".

Jürgen Schelling

Tragisches Zusammentreffen

Bodenkollision Sicherheitsstreifen tragen ihren Namen zurecht: Sie bleiben Luftfahrzeugen vorbehalten, die bei der Landung von der Piste abkommen. Wer rechnet dort schon mit Passanten?

Nein, so hat sich der Pilot am Steuer einer CASA 1.131 die Landung nicht vorgestellt. Um kurz vor elf war der Mann von der Piste 14 des Flugplatzes Schärding/Suben in Oberösterreich zu einem Lokalflug gestartet. Nach 20 Minuten meldet er sich bereits wieder im Endanflug und erfragte den Wind.

Taildragger wie die Jungmann zu landen, bedeutet fast „blind" aufzusetzen: Vom hinteren Sitz des Tandemsitzers hat der Pilot nur eine eingeschränkte Sicht nach vorn. Und beim Rollen versperrt ihm die Flugzeugnase den Blick auf den Taxiweg. Der Touch down des Bücker-Lizenzbaus verläuft zwar noch normal, doch kaum berühren die Räder den Asphalt, läuft der Doppeldecker nach rechts aus der Spur und rauscht in den Sicherheitsstreifen neben der Bahn. Was der Pilot nicht sehen kann: Beim Ausbrechen ins Gras steuert er direkt auf einen Mann zu, der neben der Piste auf einem Rad zur Schleppwinde fährt, die vor der „14" steht. Er wird beim Zusammenstoß tödlich verletzt, das Flugzeug kommt schwerbeschädigt zum Stehen. Erst jetzt realisiert der Pilot den schrecklichen Unfall. An den Bremsen des Doppeldeckers entdeckten die österreichischen Unfalluntersucher keine Mängel, sie funktionierten einwandfrei. Anders das Tailwheel: Man fand die linke Seilführung für die Spornradsteuerung gerissen vor. Das Teil ist mit einer 1,5 Zentimeter langen Schweißnaht am Seitenruderbeschlag angebracht. Die Bruchstelle wurde von einem Institut für Raster-Elektronenmikroskopie untersucht. Ergenbis: „schlagartiger, zäher Schubgewaltbruch".

Vermutlich ist das beim Aufsetzen oder während der ersten Rollmeter passiert. Somit konnte der Pilot nur noch über die Bremsen versuchen, den Weg der Einmot zu beeinflussen. Um nicht nach rechts abzudriften, drückte er die linke Fußspitzenbremse, vom linken Reifen stammen auch die Spuren, die deutlich auf der Runway zu erkennen waren (siehe Abbildung unten). Der Flugleiter hatte den Fahrradfahrer erst bemerkt, als er die Windwerte an den Piloten übermittelte. Für eine Warnung war es zu spät.

Das hat der Unfall gezeigt: Im Sicherheitsstreifen einer Piste, die in Betrieb ist, hat niemand etwas zu suchen. Dies, so die Sicherheitsempfehlung der Unfallexperten, soll bei den regelmäßigen Schulungen noch stärker ins Bewusstsein der Flugleiter gerückt werden.

Markus Wunderlich

Ausbruch nach rechts, Zusammenstoß mit dem Radfahrer: Auf dem Pistenasphalt die Bremsspuren des linken Reifens (blau markiert).

Völlig losgelöst

Fehlerhafter Ruderanschluss
Sicherungsnadel und Ruderkontrolle sind zwei probate Mittel zum Schutz vor Nachlässigkeiten bei der Montage eines Flugzeugs. Doch hundertprozentigen Schutz bieten selbst sie nicht

Vorbereitung zum Streckenflug: Zusammen mit einem Helfer rüstet ein Pilot seinen Motorsegler mit Klapptriebwerk auf. Nahezu perfekte Wetterbedingungen versprechen ein herrliches Flugerlebnis an diesem Spätsommertag.

Es wird nur ein sehr kurzes Vergnügen. Denn wenig später liegen die Reste der zertrümmerten CFK-GFK-Konstruktion unweit des Flugplatzes Fürth-Seckendorf im Hof eines landwirtschaftlichen Anwesens.

Was ist geschehen? Um kurz nach zwölf startet der Motorsegler hinter einer Schleppmaschine vom fränkischen Segelfluggelände. Nachdem das Gespann eine nahe gelegene Straße überflogen hat, kurvt es mit etwa 20 Grad Schräglage nach rechts. Währenddessen bemerkt der Nimbus-Pilot, dass die Querrudersteuerung nur sehr schwer anspricht. Schlimmer noch: Die Rollbewegung seiner Maschine um die Längsachse nach rechts nimmt zu, jetzt bleibt dem Mann nichts anderes übrig, als das Schleppseil auszuklinken. Doch das rettet die Situation nur für den Piloten am vorderen Ende: Der Seglerpilot kann die Querlage nicht mehr kontrollieren, das Flugzeug stürzt ins Dach eines Bauernhofs. Rumpf und Tragflächen zerbrechen mehrmals, der Cockpitbereich wird beim Aufprall völlig zertrümmert. Wie durch ein Wunder kommt der Pilot mit dem Leben davon – wenn auch schwerverletzt.

Die Analyse des Wracks gestaltet sich schwierig. Die Flugunfalluntersucher nehmen die Steuereinrichtung besonders gründlich unter die Lupe. Die Ruderverbindungen mit den zehn eingebauten L'Hotellier-Verschlüssen (Kugelkopfverschlüsse) wurden alle nach Handbuch mit einer Nadel gesichert. Neun von ihnen waren beim Aufprall gewaltsam geöffnet worden. Die aufgebogenen nasenförmigen Endteile der L'Hotellier-Gehäuse belegen dies. Doch an einem Verschluss fehlte dieser Hinweis. Er war in tadellosem Zustand, die Sicherungsnadel sogar einwandfrei eingesteckt. Doch vermutlich war die Verschlusskugel nur auf oder vor die nasenförmige Aussparung des Gehäuses gesetzt worden.

Das kann passieren – wofür gibt's die Ruderkontrolle vor dem Start! Doch die Schilderungen der Zeugen offenbarten, dass dabei die Schubstangen zur Anlenkung der Querruder lediglich auf Druck beansprucht wurden – nur ein Druck- und Zugcheck hätte gezeigt, dass beide Querruder nach oben und unten ausschlagen.

Dass dem Piloten, mit 567 Stunden recht erfahren und im Flugzeugschlepp gut geübt, diese Nachlässigkeit bei der Flugvorbereitung unterlaufen ist, erscheint nachvollziehbar: Es war sein erster Flug auf dem Nimbus 3T. Er hatte den Motorsegler gerade gekauft.

Markus Wunderlich

Autsch! Das Bücker-Fahrwerk quitiert angesichts der hohen Sinkrate seinen Dienst. Die Maschine wandert in die Werkstatt – woher sie gerade kam …

Verslippt und zugenäht

Misslungener Anflug Ob mit oder ohne Klappen, slippend oder „normal" – der Wind beeinflusst den Gleitpfad. Zieht er unbemerkt Knoten von der Wetter-"Front" ab, kann der Glidepath schnell aus den Fugen geraten. Dann hilft manchmal nur Durchstarten – wenn man die Situation rechtzeitig erkennt

Der Slip ist ein gängiges Manöver, um Höhe abzubauen, ohne dabei schneller zu werden. Für klappenlose Flugzeuge ist es das einzige. Nicht jeder Pilot beherrscht dieses Verfahren, denn es gehört nicht grundsätzlich zur Ausbildung: Bei vielen Flugzeugmustern untersagt das Handbuch den Seitengleitflug explizit, zumindest mit ausgefahrenen Flaps.

Seine Durchführung stellt keine besondere Herausforderung an den Piloten dar. Aber gemütlich ist der Slip auch nicht: Wer ihn die ersten Male ausprobiert, empfindet die ungewöhnliche Fluglage – schiebend mit hängender Fläche – als bedrohlich. Je nach Flugzeugmuster entstehen aufgrund der gestörten Strömung an der Stau- und Statikdruckmessung größere Fehler bei der

Geschwindigkeitsanzeige. Es braucht schon etwas Erfahrung, um die Anfluggeschwindigkeit in Abhängigkeit vom Schiebewinkel und der Bahnneigung auch bei unzuverlässiger Geschwindigkeitsanzeige konstant zu halten.

Beim Ausleiten des Slips muss das Flugzeug um alle Achsen wieder in die Normalfluglage zurückgesteuert werden. Beim „Zurechtrücken" ist jedoch ein ruhiges Händchen vonnöten, das Manöver erfordert viel Übung und sollte anfangs in ausreichender Höhe geflogen werden, um sich ein Polster für eventuelle Korrekturen zu bewahren.

Dabei ermöglicht der Slip Taildrager-Piloten zusätzlich zum aerodynamischen Effekt eine ungehinderte Sicht nach vorn, willkommen vor allem bei Tandemsitzern, die von hinten gesteuert werden. Wie beispielsweise die Bücker 131 APM Jungmann, geflogen von einer 25-Jährigen am Flughafen Grenchen. Die junge Frau ist Fluglehreraspirantin und steigt an einem Oktobertag mit einem Kollegen in den Doppeldecker. Der 55-Jährige ist mit knapp 4200 Stunden sehr erfahren, 600 Stunden auf der Jungmann weisen ihn als alten Hasen auf dem Klassiker aus. Heute soll er der Pilotin, die von ihren knapp 500 Stunden nur gute sechs im Cockpit der Bücker verbracht hat, vom vorderen Sitz aus beim Kunstflugtraining auf die Finger schauen.

Nach der dritten Übung am Nachmittag schickt die Flugleitung den Tandemsitzer aus dem Trainingsraum direkt in den äußeren Queranflug zur „25L". Am frühen Nachmittag herrschen am Platz Turbulenzen und kräftige Böen. Deshalb wählt die Schülerin bei den ersten beiden Landungen eine größere Anflughöhe. Bis zu ihrem dritten Anflug hat sich der Wind allerdings abgeschwächt, sodass die Maschine zu hoch kommt. Das zwingt die Pilotin zu einem sehr langen Slip, um die Schwelle noch zu ereichen.

Dabei erhöht sie den Anstellwinkel des Zweisitzers. Aufgrund der Widerstandszunahme steigt die Sinkgeschwindigkeit, wie gewünscht, markant an. Doch im letzten Teil des Approaches nähert sich der Anstellwinkel dem kritischen Bereich. Kurz vor der Schwelle zur Runway „25" hievt die Frau die Bücker aus ihrer Schieflage – und merkt, „… dass die Maschine nicht so fliegt, wie sie es tun sollte", wie sie später sagen wird. Ein Goaround soll die prekäre Lage retten – das sieht der Fluglehrer genauso, gleichzeitig schieben beide das Gas rein. Zu spät: Zuschauer, die nahe am Geschehen stehen, sehen den Doppeldecker mit hoher Sinkrate auf die Graspiste prallen. Zuviel für das Fahrwerk, es bricht ein, der Holzpropeller zerhackt sich im weichen Untergrund, die Jungmann kommt nach einigen Metern Schlittern zum Stehen. Die Insassen entsteigen der schwer beschädigten Maschine unverletzt.

Ermittler des Büros für Flugunfalluntersuchungen formulieren die Ursache so: „Das Fahrwerk kollabierte … infolge der hohen Sinkgeschwindigkeit nach einer spät ausgeleiteten Glissade (Slip, Anm. d. Red.). Die hohe Sinkgeschwindigkeit resultierte aus dem großen Anstellwinkel und der geringen Fluggeschwindigkeit am Ende der Glissade …".

Schon ein Jahr vor dem Unfall musste diese Bücker aus dem Flugbetrieb genommen werden – nach einer Bruchlandung stand die Maschine den ganzen Winter in der Werkstatt.

Markus Wunderlich

An den Bergen gescheitert

Überladen in die Talfalle Erfahrung ist oft das, was man nicht hat, wenn man es am dringendsten braucht. Das gilt vor allem für frischgebackene Piloten. Es bedarf Zeit und Training, um fliegerische Souveränität zu erlangen – riskant, wenn man auf beides verzichtet …

Angenommen Sie haben erst vor wenigen Tagen ihre PPL-Prüfung bestanden. Würden Sie dann als verantwortlicher Pilot bereits einen Flug durch anspruchsvolles Gelände wie etwa die Alpen wagen? Mit Gästen an Bord ? Wohl kaum. Allenfalls unter Anleitung eines erfahrenen Gebirgsfliegers, der Sie zuerst mit den Tücken der Bergwelt vertraut macht. Doch genau auf diese Unterstützung verzichtete ein blutiger Anfänger, der in den Walliser Alpen mit einer Cessna verunglückte. Und an realistischer Selbsteinschätzung mangelte es offenbar ebenso.

Am 19. August 2005 steigt der 37-jährige tschechische Pilot zusammen mit einem Fliegerkameraden und zwei Passagieren in eine

Nicht mehr als Cessna 172 zu erkennen: In dem Wrack starben vier Menschen.

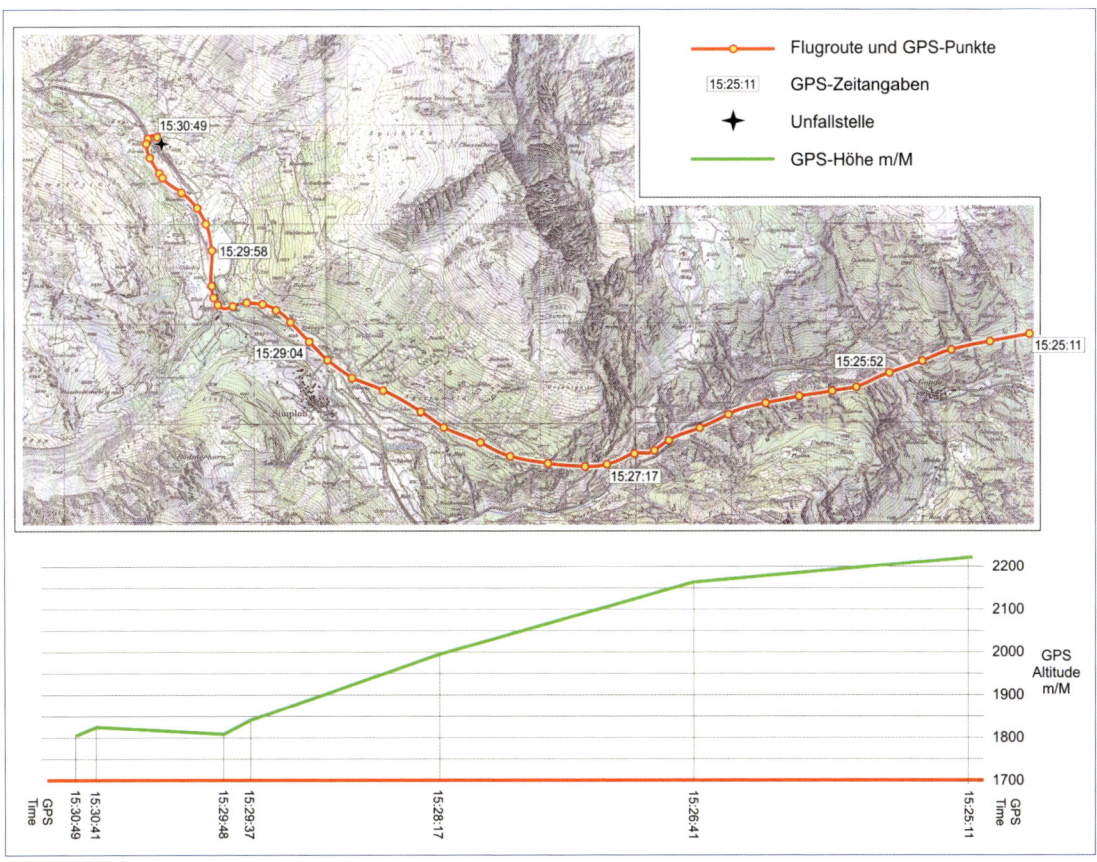

Dokumentation des Unglücks. Die Auswertung des GPS-Geräts lieferte den Untersuchern Fakten zum Unfallhergang.

Cessna 172. Der Trip soll von Prag nach Friedrichshafen am Bodensee führen. Geplant ist eine Route über Norditalien durch die Alpen ans Nordufer des Bodensees – eine Herausforderung für einen Piloten, der eine Gesamtflugerfahrung von gerade mal 79 Stunden hat. Der Mann vorne links im Cockpit hat seine PPL-Prüfung erst zwei Wochen zuvor bestanden. Das Flugzeugmuster kennt er ganze 15 Stunden. Sein elf Jahre jüngerer Begleiter kommt auf immerhin 216 Stunden. Er besitzt seinen PPL seit vier Jahren, hat aber während der letzten zwölf Monate gerade mal ein Dutzend Flugstunden absolviert. Und wie sieht's bei beiden mit Gebirgserfahrung aus? Fehlanzeige.

Schlechtes Wetter zwingt die Besatzung am 22. August nach kurzem Flug zu einer Zwischenlandung in Locarno am Nordende des Lago Maggiore. Am nächsten Tag soll es zunächst in westlicher Richtung weitergehen, via Domodossola über den Simplonpass in die Schweiz. Dieser Pass verbindet das Tal Val d'Ossola in der italienischen Provinz Verbano-Cusio-Ossola mit dem Rhonetal im Schweizer Kanton Wallis. Der direkte Weg nach Friedrichshafen wäre die wesentlich kürzere Nordroute. Die aber scheidet wegen schlechten Wetters aus.

Der Start glückt noch – trotz verkorkstem Schwerpunkt

Gegen Mittag des 23. August geben die Piloten im Büro des AIS Locarno einen Flugplan auf. Die vorgesehene Reiseflughöhe soll demnach

Sicht in Richtung Simplonpass von der Unfallstelle aus. Selbst leichter Höhengewinn zum Überfliegen kann bei Föhn unmöglich sein.

9500 Fuß betragen. Ein tragbares GPS unterstützt die Crew bei der Sichtnavigation. Mit vollen Tanks, 60 Kilogramm Gepäck im Stauraum und zwei Passagieren startet die Cessna um 14:50 Uhr Richtung Domodossola. Mit einer Abflugmasse von 1180 Kilo. Dass der Hochdecker damit überladen ist und zudem aus dem hinteren Trimmbereich fällt, scheint den Piloten nicht weiter aufzufallen. Immerhin kommt die Einmot trotz des Gewichts- und Trimmhandicaps noch vom Boden, mit 700 Metern Bahnlänge reicht die Piste 08C in Locarno.

Auch die Wettervorhersage für den ersten Abschnitt liefert keinen Anlass, sich zu sorgen: drei bis vier Achtel Bewölkung mit Untergrenzen in 8000 bis 9000 Fuß, 30 Kilometer Sicht und Nord- bis Nordostwind um zehn Knoten, in Böen um 20 – das hört sich machbar an. Lediglich leichte bis mäßige Turbulenzen durch Nordföhnlage könnten den Komfort etwas beeinträchtigen. Stärkere Bewölkung mit tiefen Untergrenzen sind laut METAR erst weiter im Norden zu erwarten.

Einflug in die Talfalle – und die Crew ahnt nichts

Doch soweit kommt die Skyhawk gar nicht. 35 Nautische Meilen westlich von Locarno erreicht sie ihre größte Höhe von knapp 7000 Fuß. Von da ab geht sie in einen kontinuierlichen Sinkflug über. Nahe Varzo, wenige Meilen vor dem Simplonpass, verliert die Cessna innerhalb von drei Minuten 800 Fuß. Das geht aus der Rekonstruktion der GPS-Daten hervor. Die Ursache: starke Abwinde. Eine Tücke der Gebirgsfliegerei, die beide Piloten offenbar überrascht. Nur wer alpine Flugerfahrung hat, weiß, dass bei Föhnwetterlagen in den Alpentälern mit starken Fallwinden gerechnet wer-

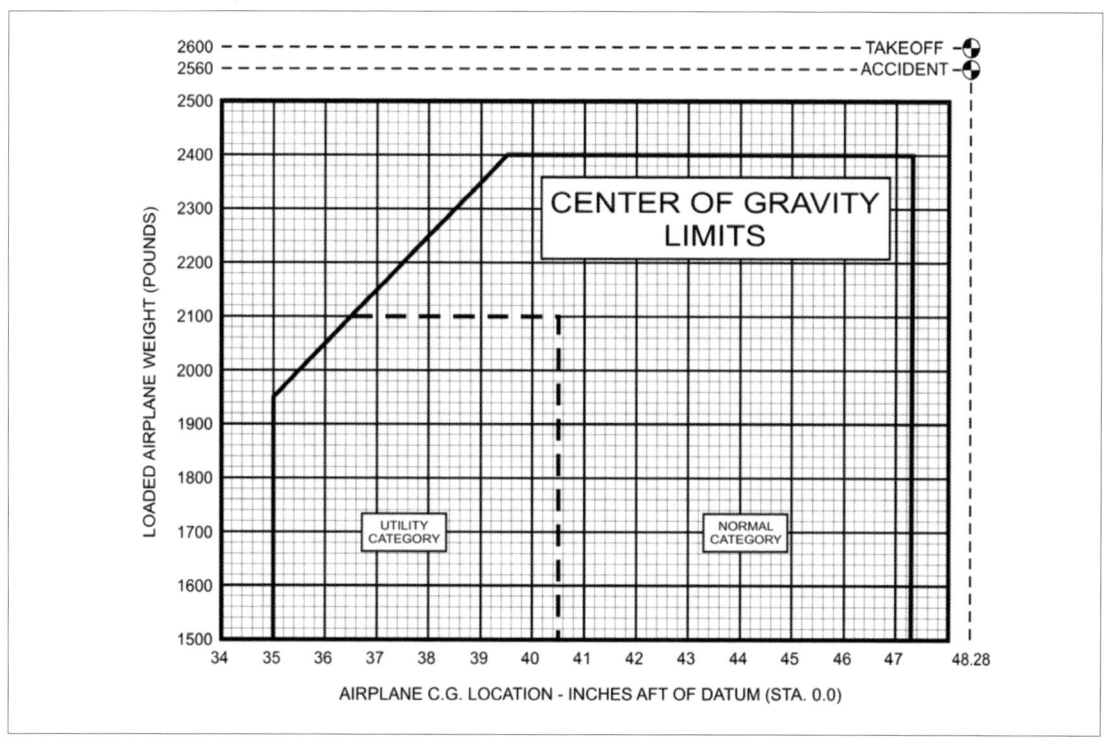

Schwerpunktlage während Start und Unfall – beide Male außerhalb des Envelopes (rote Pfeile).

den muss. Um in einer derartigen Situation die Höhe halten und dem Sinken entgegen wirken zu können, hilft also nur: Gas rein und raus aus dem Abwindfeld.

Doch die Cessna hat keine Powerreserven mehr. Und die Zeit wird knapp. Noch bevor die Crew etwas ahnt, hat die Talfalle zugeschnappt. Zu spät bemerken die Pioten, dass die überladene Cessna den nur noch zweieinhalb Meilen entfernten und 6560 Fuß hohen Pass nicht mehr schaffen wird. Der verzweifelte Versuch einer Umkehrkurve scheitert an der schlechten Performance und der verkorksten Schwerpunktlage. Die Maschine stallt, kippt über die rechte Fläche ab und zerschellt in einem Wald nahe des Dorfes Simplon. Alle Insassen sterben.

In ihrem Abschlussbericht kommen die Experten des Schweizerischen Büros für Flugunfalluntersuchungen (BFU) zu dem Ergebnis, „dass die anspruchsvollen Windverhältnisse sowie das zu schwere und falsch beladene Flugzeug für die Piloten Rahmenbedingungen darstellten, die sie mit ihrer geringen Flugerfahrung nicht mehr bewältigen konnten." Die Auswertung der GPS-Aufzeichnungen offenbart zudem, dass die Cessna 172 trotz Abwind weiter Richtung Simplonpass flog und zu spät in eine Umkehrkurve gesteuert wurde.

Ungeklärt bleibt, warum der Pilot in seinen Berechnungen mit 998 Kilogramm eine zu niedrige und damit falsche Abflugmasse aufgeführt hat. Das Flughandbuch der 172er erlaubt eine maximale Abflugmasse von 1089 Kilo. Tatsächlich wog der Viersitzer beim Start 1180 Kilo, also 91 Kilo zuviel.

Vielleicht ein Rechenfehler. Vielleicht aber auch grobe Fahrlässigkeit – die vier Menschen das Leben gekostet hat.

Peter Berg/Markus Wunderlich

Ende eines Schleppflugs: Weil im Approach die Power wegblieb, musste der Pilot vor der Piste notlanden. Als Untersucher den Motor der Zlin 143L inspizierten, …

Innere Blockade

Notlandung wegen Motorproblem Bei manchen Unfällen müssen Untersucher eine Fülle von äußeren Faktoren beachten, um der Ursache auf die Schliche zu kommen. Anders bei diesem Crash einer Zlin: Das Flugzeug setzte sich quasi selbst außer Gefecht

Was ist los? Dritter Schleppflug an diesem Augusttag, eine Zlin 143L ist im Anflug auf den Flugplatz Münster im Kanton Wallis. Der Pilot hat ein ungutes Gefühl, etwas stimmt nicht. Beim Take-off schien ihm die Startstrecke länger als während des Schlepps davor. Und im Steigflug lahmte der Tiefdecker, obwohl die Masse des geschleppten Segelflugzeugs dem des vorherigen entsprach.

Nun ja, erstmal landen; der Segler hat ausgeklinkt, und die Einmot ist auf dem Rückflug. Der 57-Jährige schaltet die Vergaservorwärmung ein und reduziert zweimal die Leistung. Immer schön die Piste 05 im Blick, vergleicht er Höhe, Speed und Entfernung, etwas Power geben, dann passt's. Doch als der Schweizer den Gashebel nach vorn schiebt, spürt er keinen kräftigen Propellerzug, sondern vernimmt ein Motorstottern, die Drehzahl klettert nur leicht. Nacheinander verändert der Mann die Stellung des Leistungshebels, der Vergaservorwärmung und des Mixers – ohne Ergebnis. Er blickt sich im Cockpit um. Instrumente? Hebel? Schalter? Nichts davon lässt Rückschlüsse zu auf das widerwillige Gebaren des Lycomings.

Mit der Leistungseinbuße ist der rettende Asphalt unerreichbar, das ist dem Piloten schnell klar. Er muss notlanden. Das Gelände vor ihm scheint hindernisfrei zu sein. Schon meldet sich die Überziehwarnung, kurz darauf prallt die Zlin an eine Böschung, das linke Fahrwerk wird abgerissen. Schlitternd kommt das Flugzeug nach 30 Metern zum Stehen, der Pilot verletzt sich erheblich.
Das Büro für Flugunfalluntersuchungen (BFU) macht sich an die Arbeit, Experten

 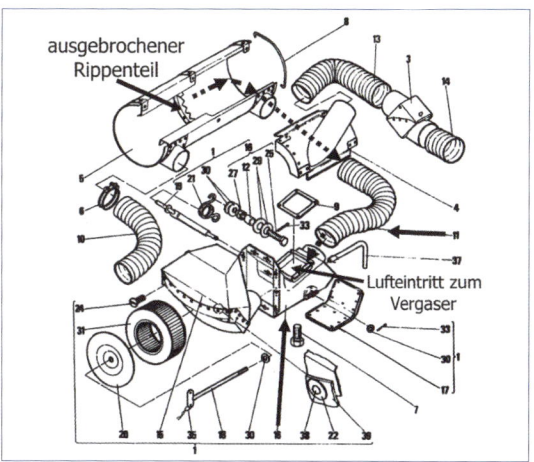

… stießen sie auf ein abgebrochenes Rippenstück im Vergaser (siehe Pfeil unten). Das wiederum stammt aus dem rechten Gehäuse des Wärmetauschers. Als der Pilot die Vergaservorwärmung aktivierte, wurde das Rippenteil in den Vergaser geblasen – wo es dem Lycoming O-540-J3A5 die Luft zum Atmen nahm.

bauen den Motor aus. Ebenso den Vergaser, bei dessen Zerlegung die Fachleute im Venturi-Kanal auf ein kleines Metallstück stoßen – ein abgebrochenes Rippenstück aus dem Inneren des rechten Wärmetauscher-Gehäuses, wie sich herausstellt. Dort, am verbleibenden Teil der Rippe, finden die Fachleute eine deutliche Bruchstelle bei einem Nietloch. Sie rekonstruieren: Nachdem es sich losgelöst hatte, wurde das Rippenstück beim Öffnen der Vergaservorwärmungsklappe durch den Luftstrom via Luftschlauch und -filterkammer direkt in den Venturi-Kanal befördert. Dort blieb es hängen und verklemmte sich zwischen einer Verstrebung und der Benzindüse.

Die Folge war eine massive Veränderung des Luft-Benzin-Gemisches – dem Motor blieb die Luft weg. Dazu passt auch die Aussage eines Zeugen, der eine Rauchfahne (verursacht durch zu fettes Gemisch) an dem vorbeifliegenden Viersitzer beobachtete.

Doch wie kam's zu dem Rippenbruch? An beiden Gehäusen des Wärmetauschers, bei den Rohrverbindungen zum Flansch des Auspuffs, fanden die Ermittler Scheuerspuren. Sie rührten von Vibrationen her. Zudem waren Befestigungslöcher der Halteklammern zur Montage und Demontage des Gehäuses stark ausgeschlagen und teilweise durch Aufdoppelung mit Blech repariert.

Grund genug für die BFU, in ihrem Untersuchungsbericht unter dem Punkt Ursache kritisch zu resümieren: „Zum Unfall hat die unzweckmäßige Konstruktion des Wärmetauschers beigetragen". Zlin hat auf den Unfall reagiert und ein „Mandatory Service Bulletin" herausgegeben. Darin wird die Kontrolle der aus Duraluminium gefertigten Rippen vorgeschrieben. Zudem beabsichtigt der Hersteller eine Revision der Wartungsunterlagen und will damit sicherstellen, dass entsprechende Kontrollverfahren detaillierter beschrieben sind.

Es ist wohl reiner Zufall, dass es nicht schon früher aus den gleichen Gründen zu einer Störung kam: Im rechten Wärmetauscher entdeckten die Experten eine zweite Rippe, an der ein Stück fehlte. Was mit diesem geschah, konnten die Untersucher nicht klären.

Markus Wunderlich

Wenn's plötzlich trommelt

Mangelhafte Vorflugkontrolle Ist ein Pilot nachlässig, so stellt sich die Frage nach seinen fliegerischen Grundtugenden. Eine davon ist Gewissenhaftigkeit. Zum Beispiel bei der Vorflugkontrolle: Starts mit offenen Tankdeckeln passieren immer wieder. Nicht erst eine Maschine ist deswegen schon vom Himmel gefallen

Die Beech C90A hebt gerade ab, die Crew fährt das Fahrwerk ein. Im Bauch der Zweimot sitzen sechs Passagiere. Was diese durch die Kabinenfenster sehen, kann nicht normal sein: Beide Tankdeckel, gesichert durch eine Kette, schlagen im Fahrtwind gegen die Flächen. Ein Fluggast informiert augenblicklich die beiden Piloten.

Diese entschließen sich, sofort zum Sonderlandeplatz Werneuchen zurückzukehren. In 100 Meter über Grund kurvt die King Air rechts herum zur Piste 26. Etwa 115 Knoten liegen an, die Bahn ist gerade mal eine Nautische Meile seitlich entfernt (siehe Abb. S. 49).

Während des Kurvens wundern sich die Männer im Cockpit über die ihrer Meinung nach geringe Speed und Power der Zweimot und prüfen den Fahrwerks- und die Leistungshebel. „Wo ist die Bahn?" fragt der verantwortliche, 60-jährige Pilot vom linken Sitz. „Da vorne", antwortet sein 30-jähriger Kollege. In diesem Moment ist die Beech eine Meile nördlich der Runway.

Kurz darauf werden die Klappen und das Fahrwerk ausgefahren, der Kurs beträgt nun 140 Grad. Bereits während des Kurvens ertönte die Stallwarnung mehrmals für einen kurzen Moment, jetzt quäkt das Horn konstant, der Pilot zwingt die taumelnde Zweimot in eine weitere Rechtskurve Richtung Runway. Südlich der Schwelle zur 26 ist ein UL unterwegs, sein Pilot wird Augenzeuge des Unglücks: Bis kurz vor dem Aufprall auf eine Wiese hat die Zweimot starke Querneigung. Die (zum Teil schwerverletzten) Insassen entkommen aus eigener Kraft dem Wrack.

Der Copilot, 2480 Stunden erfahren (2130 davon auf der Beech C90A) und wie sein Kollege ATPL-Inhaber, wollte die Maschine vorm Start betanken. Er öffnete die Tankdeckel, doch da kam ein Telefonat mit dem Flugzeugeigner dazwischen: Man beschließt, erst am Zielplatz Sprit zu bunkern. Die Deckel blieben offen – und bei der Vorflugkontrolle unbemerkt.

Mit seiner spontanen Entscheidung, nach rechts zu kurven, brachte sich der mit knapp

Beech C90A, baugleiches Muster

15 000 Stunden (3850 auf dem Unfallmuster) erfahrene PIC in die ungünstige Lage, die Bahn nur eingeschränkt im Blickfeld zu haben.

Eine saubere Platzrunde war so jedenfalls nicht möglich. Vermutlich schätzte der PIC die Situation bedrohlicher ein, als sie tatsächlich war: Die King Air zog eine Treibstofffahne hinter sich her, der verantwortliche Pilot befürchtete einen Triebwerkausfall wegen leergesaugter Tanks. Zu Unrecht: Das Kraftstoffsystem der Beech ist so ausgelegt, dass durch die Flächenstutzen kein Sprit aus den Nacelle- und inneren Tragflügeltanks entweichen kann. Das dort schwappende Jet-Fuel hätte locker für eine ausgedehnte Platzrunde gereicht.

Die hohe Abflugmasse und starke Neigung beim Kurven machen die Unfalluntersucher für die vermeintlich fehlende Leistung verantwortlich. Als sich zudem Klappen und Fahrwerk gegen die Strömung stemmten und eine Kurve mit großer Querneigung folgte, um aufgrund der geringen Entfernung noch zur Runway 26 zu gelangen, stallte die Turboprop.

Der Fall erinnert fatal an den Absturz des Grob-Testpiloten Werner Kraut im Jahr 1994. Kraut überzog eine King Air, als er in einer scharfen Umkehrkurve kurz nach dem Start auch noch das Fahrwerk rausließ. Beim Aufschlag kam der 48-Jährige ums Leben. Der Grund für das gewagte Manöver: Der linke Tankdeckel klopfte im Luftstrom nervend gegen die Fläche – der erfahrene Pilot war unter Zeitdruck und hatte vergessen, ihn nach dem Tanken wieder zuzudrehen.

Markus Wunderlich

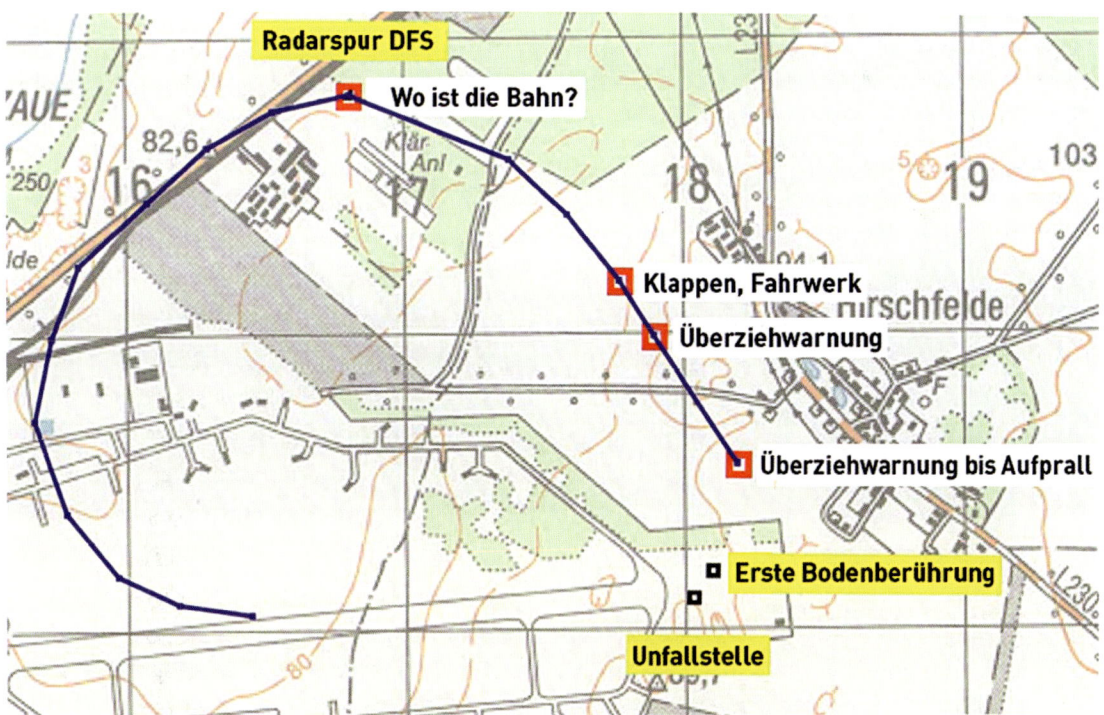

Eng, enger, überzogen: Angst vor leergesaugten Tanks führte zu dieser vermurksten „Platzrunde" – weil Kraftstoff austrat.

Mangelhafte Vorflugkontrolle

Wrack der verunglückten Cessna P210N. Die Notlandung auf einer Landstraße endete im Acker.

Mit leeren Tanks auf die Straße

Nachlässiges Spritmanagement Die Kraftstoffkalkulation ist ein zentraler Teil der Flugvorbereitung. Mehrere Faktoren sind dabei zu beachten – vor allem, wenn man an die Grenze der Höchstflugdauer geht

Wissen Sie aus dem Stegreif, wieviele Liter einer US-Gallone entsprechen? Oft ist der Tankinhalt in Gallonen angegeben, den Verbrauch dagegen errechnet man in Pounds (lbs/h) oder Liter pro Stunde (L/h); und verkauft wird der Treibstoff (zumindest in Europa) nur in Liter oder Tonnen – nichts passt zusammen. Einheiten umzurechnen gehört zum lästigen Alltag vieler Piloten. Faustformeln kommen zur Anwendung: (L/4) + 5 % = US-Gall, oder die genauen Werte müssen mit dem richtigen Umrechnungsfaktor (1 US-Gall = 3,785 L) ermittelt werden. Bei der Treibstoffberechnung ist Genauigkeit gefragt. Dabei spielen neben Einheitenwirrwarr auch andere Faktoren eine wichtige Rolle: Wieviel Kraftstoff schwappt tatsächlich noch in den Tanks? Wieviel muss nachgetankt werden? Typische Situation: Die Anzeige an der Tankstelle gibt den gezapften Kraftstoff in Litern an; die Tankanzeige im Cockpit ist aber in US-Gallonen geeicht. Im Zweifel tankt man voll und weiß dann genau, wieviel ausfliegbarer Kraftstoff zur Verfügung steht. Doch wie lange kann man damit in der Luft bleiben; wie hoch ist der tatsächliche Verbrauch?

Bei einer Cessna 172 ist die Kalkulation noch relativ einfach: 38 Liter pro Stunde, je nach Triebwerk-Version. Schwieriger wird's bei komplizierteren Modellen wie einer

Cessna P210N mit Turbolader und Intercooler. Hier sind nicht nur Leistungseinstellungen zu beachten. Kraftstoffdurchfluss-Anzeigen helfen bei der Überwachung des Treibstoffvorrats, wobei auch hier die Einheiten eine immense Rolle spielen. Wie sind die Skalen geeicht? Liter, US-Gallonen oder Pounds pro Stunde? Der (genaue) Blick ins Flughandbuch hilft, um sichere Verbrauchswerte zu ermitteln und ausreichend Treibstoff einzuplanen.

Oder man verlässt sich auf seine „Erfahrung" nach der Devise: Kennst du eine Cessna 210, kennst du alle – und geht davon aus, dass die eine genauso durstig ist wie jede andere und die Handbücher ohnehin alle mehr oder weniger identische Verbrauchswerte aufführen. Ein fataler Trugschluss, der – neben weiteren Fehleinschätzungen hinsichtlich der mitgeführten Spritmenge – am 23. Mai 2001 zu einer Notlandung mit leeren Tanks führte, weniger als 20 Nautische Meilen vom Zielflughafen entfernt.

Rückflug einer Cessna P210N von Hannover nach Krems in Österreich (LOAG): Um 15:08 Uhr startet ein 36-jähriger Berufspilot mit seinem Copiloten und vier Fluggästen nach Instrumentenflugregeln Richtung Krems. Die Gesamtflugerfahrung des Piloten beträgt 667 Stunden, davon mindestens 61 Stunden auf der Cessna P210N. Sein Co (PPL und IR) hat keinerlei Flugerfahrung auf dem Muster und übernimmt den Funk.

Vor dem Start in Hannover wird die Cessna mit 59 Liter Avgas 100LL betankt. Der rechte Tank ist voll, die Fehlmenge im linken Tank schätzt der Pilot auf etwa 60 Liter. Die zum Startzeitpunkt ausfliegbare Kraftstoffmenge liegt damit – nach Meinung des Piloten – bei 260 Liter. Reicht der Treibstoff, um die rund 370 Nautischen Meilen zurück nach Krems zu bewältigen?

C210 mit Druckkabine

Laut ATC-Flugplan beträgt die geplante Flugzeit bis Krems 02:30 Stunden, die Reisegeschwindigkeit 148 Knoten (TAS) in Flugfläche 170. Den Kraftstoffverbrauch für den Rückflug kalkuliert der Pilot mit mageren 44 Liter pro Stunde (70 lbs/h). Knapp kalkuliert, weil bereits die Bordbuchaufzeichnungen einen (über ein Jahr) gemessenen durchschnittlichen Verbrauch von 65 bis 70 Liter pro Stunde (105 bis 112 lbs/h) angeben.

Rückblende: Die Tankliste im Bordbuch belegt, dass die Cessna drei Tage zuvor in Krems voll getankt worden ist. Danach ist die Maschine fast zwei Stunden geflogen, ohne dass jemand die Tanks wieder aufgefüllt hat. 120 Liter wurden dabei verbraucht. Der verbleibende Tankinhalt beträgt somit 200 Liter.

Hier beginnt sich ein Fehler in die Treibstoffplanung einzuschleichen: Für seinen Flug von Krems nach Hannover (Hinflug) plant die Crew volle Tanks (320 Liter) ein, tankt aber nur 84 Liter nach – vermutlich, weil die Aufzeichnungen in der Tankliste um eine Zeile verrutscht sind und die Fehlinterpretation zulassen, dass Sprit für etwa eine halbe Flugstunde mehr als tatsächlich im Tank ist. Ein Fehler, zu dem im Flugverlauf weitere falsche Einschätzungen hinzukommen. Auch auf dem Rückflug wählt der Pilot eine Leistungseinstel-

Intercooler: sorgt bei geladenen Motoren für mehr Leistung – und Spritverbrauch.

lung von 27 Inch mit 2300 Umdrehungen. Er magert das Kraftstoff-Luft-Gemisch bis zum Spitzenwert der angezeigten Abgastemperatur ab und reichert es anschließend mit einer halben Gemischreglerumdrehung wieder an. Auf der Kraftstoffdurch- fluss-Anzeige liest er den Wert „10" ab. Diesen interpretiert er mit einem Durchfluss von zehn US-Gallonen pro Stunde – entsprechend einem Verbrauch von rund 38 Liter pro Stunde (60 lbs/h). Dass er diese Zahl zwar richtig abgelesen, jedoch falsch interpretiert hat, fällt ihm offenbar nicht auf. Schließlich deckt sich der Wert zumindest annähernd mit seiner Verbrauchskalkulation für den Rückflug (44 L/h). Tatsächlich aber ist die Durchfluss-Anzeige in Pounds pro Stunde (lbs/h) mal zehn geeicht.

Der abgelesene Wert entspricht somit real einem Verbrauch von 100 Pounds pro Stunde – umgerechnet also 60 Liter pro Stunde. Die Cessna schluckt auf dem Rückflug demnach 16 Liter pro Stunde mehr als geplant. Bei einer Flugzeit von zweieinhalb Stunden macht das bereits 40 Liter Fehlmenge.

Doch damit nicht genug. Ein weiterer Fehler war dem Piloten unterlaufen, als er die Verbrauchswerte der Cessna mit Turbolader und Intercooler im Aircraft Flight Manual (AFM) der Verbrauchstabelle für die Version ohne Intercooler entnommen hatte. Damit blieb ein Mehrverbrauch von 10 bis 15 Prozent in der Planung unberücksichtigt. Zudem sieht ein Supplement für Motoren mit Intercooler eine temperaturabhängige Ladedruckkorrektur vor. Aber auch die wird trotz ISA-Abweichung nicht vorgenommen und führt zusätzlich zu einem höheren Kraftstoffbedarf als errechnet.

Kurz vor der tschechisch-österreichischen Grenze liest die Besatzung am GPS eine Restflugzeit von 30 Minuten bis Krems ab. Der Stand der Tankanzeigen macht die Crew nicht weiter nachdenklich: ein nahezu leerer linker Tank und angezeigte 80 Liter im rechten Tank. Wie alle 20 Minuten zuvor wechselt der Pilot die Tanks, schaltet jetzt vom linken auf den rechten. Kurz nach dem Einflug in den österreichischen Luftraum leitet die Crew aus Flugfläche 70 den Sinkflug ein. Eine Überschlagsrechnung des Kraftstoffbedarfs wiegt die Piloten in Sicherheit. Danach müssten sich nach der Landung in Krems noch mindestens 20 Liter (!) im rechten Tank befinden.

Doch die Rechnung geht nicht auf: Gegen 17:16 Uhr, etwa 20 Nautische Meilen nördlich des Zielflughafens, fällt das Triebwerk aus. Sämtliche Wiederstartmaßnahmen bleiben erfolglos. Eine Notlandung steht bevor. Als geeignete Fläche wählt die Besatzung ein parallel zu einer Landstraße liegendes Feld. Doch weil im Endanflug eine Böschung im Weg steht, entscheiden sich die Piloten kurzfristig zur Landung auf der daneben liegenden Landstraße. Die Maschine setzt heil in Straßenmitte auf, kollidiert aber während des Ausrollens mit einem Pkw, bleibt mit der linken Tragfläche an einem Baum hängen und kommt schließlich neben der Straße im Acker zum Stehen. Alle Insassen überleben den Unfall mit leichten Verletzungen.

Die Nachforschungen der österreichischen Flugunfalluntersuchungsstelle zur Rekonstruktion des Flugverlaufs beruhen auf Auswertung von Angaben im Flughandbuch, Analyse der ATC-Radardaten sowie Aussagen der Crew und Augenzeugen. Danach kommt die Behörde zu der Beurteilung, dass zwischen errechneter und tatsächlich getankter Treibstoffmenge erhebliche Differenzen lagen. Zudem hatte der Pilot den Durchschnittsbedarf der Cessna falsch eingeschätzt. Zusätzlich bewirkte die während des Reisefluges gewählte Leistungseinstellung (ohne die Anpassung des Ladedrucks anhand der Differenz-Temperaturanzeige des Intercoolers) einen höheren Bedarf als errechnet. Der vom Piloten falsch interpretierte Durchflusswert von zehn US-Gallonen entspräche einer Leistungseinstellung von etwa 50 Prozent. Tatsächlich wurde mit etwa 65 Prozent Leistung geflogen, was auch dem wahren Durchflusswert von 100 Pounds pro Stunde (mit Intercooler) entspricht. Über die genauen Fehlmengen in den Tanks können die Unfalluntersucher nur Vermutungen anstellen. Zweifellos dürften die Tanks weder beim Hin- noch beim Rückflug wirklich voll gewesen sein.

Dass die volle Tankkapazität nicht genutzt wurde, könnte nach Expertenmeinung nicht nur an der Fehlinterpretation der Bordbucheinträge, den „falschen" Leistungseinstellungen und dem zu niedrig angenommenen Verbrauch liegen. In Frage kommen ebenfalls eine „Fehleinschätzung hinsichtlich der oberen Füllmarke der Tanks, die Schräglage des Flugzeugs während der Betankung sowie die Ungenauigkeit der Tankanzeigen".

Peter Berg

Cessna-typische Tankanzeigen (hier C 172) liefern nur vage Füllstandswerte.

Nachlässiges Spritmanagement

Steigflug ohne Ausweg

Absturz im Gebirge Hohe Außentemperaturen, große Zuladung, ansteigendes Gelände und Abwindfelder – da klingeln bei erfahrenen Gebirgspiloten alle Alarmglocken. Wer dann noch die Mindestfahrt unterschreitet, braucht gleich mehrere Schutzengel – im Fall eines jungen PA-28-Piloten für sich selbst und für seine drei Passagiere

Die Heimatstadt aus der Vogelperspektive sehen, Freunden ihr Zuhause von oben zeigen oder über einem besonders schönen Ort ein paar Kreise ziehen – schon dafür lohnt es sich, fliegen zu lernen. Gerade in solchen Momenten ist aber auch die Gefahr für den Piloten groß, sich ablenken zu lassen, den Blick auf Fahrtmesser und Libelle zu vernachlässigen. Beim Sichtflug sind die Augen zwar nicht ständig auf die Bordinstrumente fixiert und sollen es ja auch nicht sein,

Unglücksmuster Piper PA-28 Archer

Rumpf und Flächen des viersitzigen Tiefdeckers haben sich beim Aufschlag völlig verdreht.

Kein Ausweg aus dem Tal in Sicht: Das Wrack der PA-28 liegt nur wenige Höhenmeter unterhalb der Hangkante (Lage des Wracks aus Anflugrichtung gesehen).

schließlich steht dem Verkehr in der Platzrunde und der Navigation ein guter Teil der Aufmerksamkeit zu. Gefährlich wird es aber dann, wenn die Konzentration zur falschen Zeit bei der falschen Sache ist.

Der Pilot einer Piper PA-28 brachte sich und seine drei Passagiere vermutlich dadurch in eine buchstäblich ausweglose Situation.

Am 7. September 2004 will der 26-Jährige von Friedrichshafen aus in Richtung Österreich aufbrechen. Zu dem Rundflug hat er drei Freunde eingeladen. In seinem fliegerischen Umfeld gilt der junge Pilot als sehr sorgfältig und gewissenhaft. Die PPL-A-Ausbildung absolvierte er im Jahr 2001. Insgesamt hat er in den drei Jahren nach Erwerb der Lizenz erst rund 25 Flugstunden als PIC gesammelt, auf der Piper sind 21 Stunden in seinem Flughandbuch eingetragen. Trotz seiner geringen Erfahrung findet sich in seinen Unterlagen aber die Bestätigung für eine Alpeneinweisung. Die ist in Deutschland nicht verpflichtend – ein weiterer Beleg für durchaus vorausschauendes und verantwortungsbewusstes Verhalten.

Bei besten Sichtflugbedingungen und 24 Grad Celsius startet die Piper um 17:07 Uhr von Friedrichshafen. Der Flug entlang dem Bodenseeufer verläuft zunächst unspektakulär. Anhand von Zeugenaussagen, Radardaten und Erhebungen der Gendarmerie sowie der österreichischen Flugunfalluntersucher ist der Flugverlauf später gut rekonstruierbar. Die Piper passiert im Steigflug die Insel Lindau und kurvt dann um das östliche Ufer des Sees vorbei an Bregenz in Richtung Süden. Bei Dornbirn geht der Tiefdecker – immer noch im Steigflug – auf Ostkurs. In den Bergen des Bregenzer Waldes, unweit von Bezau, erreicht die Maschine schließlich ihre größte

Absturz im Gebirge

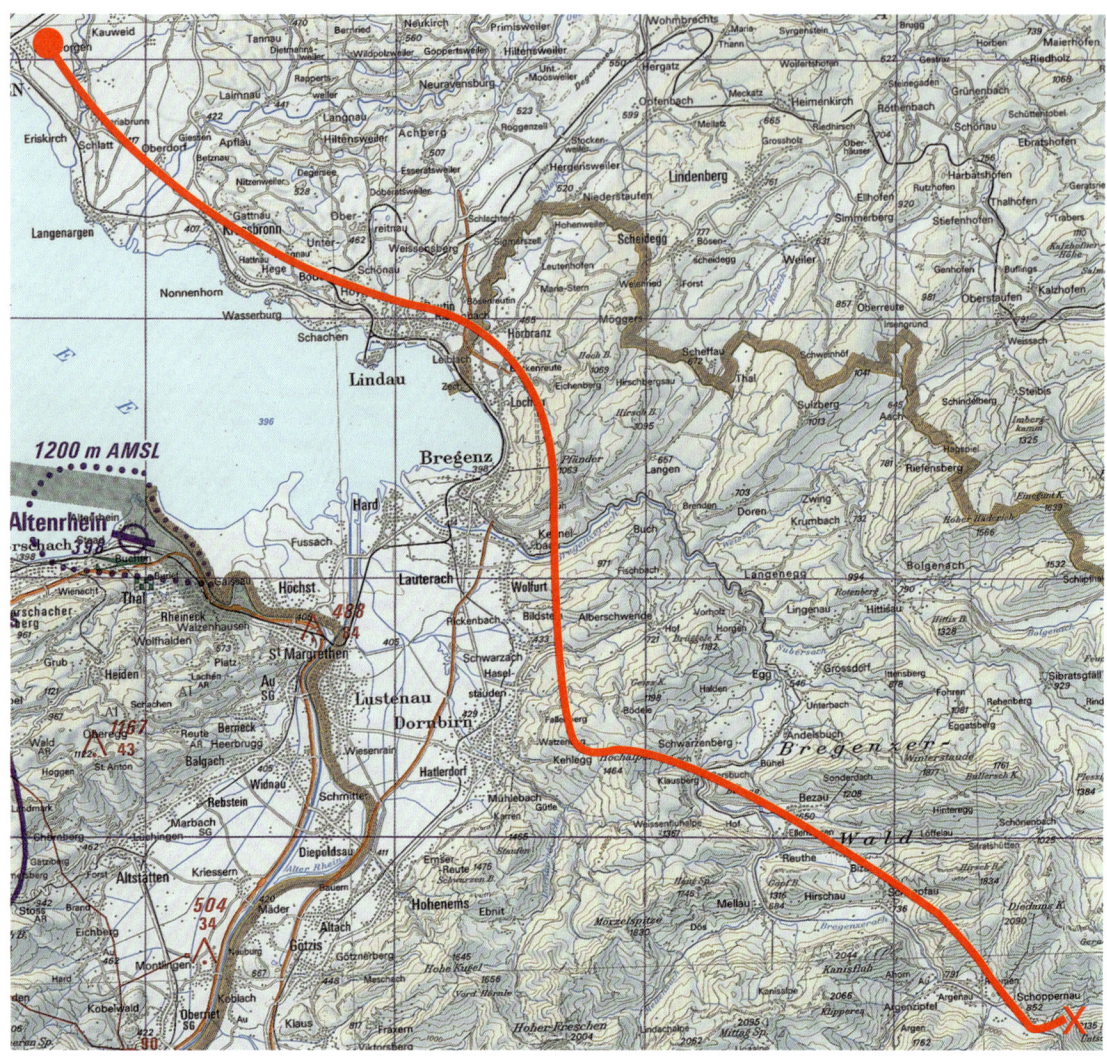

Fataler Abstieg: Bei Bezau erreichte die Piper 7100 Fuß. Der Gipfelgrat oberhalb der Unglücksstelle (6300 Fuß) wäre mit dieser Höhe problemlos zu überfliegen gewesen.

Höhe von etwa 7100 Fuß MSL. Hier will der Pilot seinen Fluggästen eine von Freunden bewohnte Hütte zeigen – und macht einen folgenschweren Fehler: Er nimmt Fahrt auf und bringt die Piper in einen Sinkflug – vermutlich, um seinen Passagieren einen besseren Blick auf das kleine Haus in den Bergen zu bieten.

Um 17:32 Uhr fliegt die Einmot nur noch in 5200 Fuß Höhe. Erst jetzt leitet der Pilot wieder einen Steigflug ein – über ansteigendem Gelände. Kurze Zeit später wird der Viersitzer zum letzten Mal vom Radar erfasst: in 5800 Fuß MSL bei einer Geschwindigkeit von 70 Knoten. Von dieser Position aus versucht der Pilot, in einer Linkskurve das vor ihm liegende Hindernis, die 6300 Fuß hoch gelegene Neuhornbachalpe, zu überfliegen. Ein anderer Ausweg aus dem Tal ist nicht in Sicht. Nicht nur die dünne Höhenluft, auch leichte Abwindfelder bremsen den Steigflug. Im Folgenden verliert die Maschine weiter an Fahrt und gerät in einen überzogenen Flugzustand. Aus niedriger Höhe über Grund sürzt der Tiefdecker schließlich in den Berghang. Einer der drei Passagiere wird durch die Wucht des Aufschlags getötet. Die zwei anderen sowie der Pilot überleben schwerverletzt, können sich jedoch gegenseitig aus dem Wrack befreien. Trotz der beginnenden Dämmerung treffen die ersten Helfer sehr schnell an der Unfallstelle ein.

Bei der Kollision mit dem Hang hat sich der Rumpf auf die rechte Seite gedreht. Das Kabinendach ist zum Teil vom Rest des Wracks abgetrennt, die Mittelstrebe der Frontscheibe geborsten. Die Wucht des Aufschlags zeigt sich aber auch einige Meter vom Wrack entfernt: Teile des Tragflächenrandbogens haben sich bis zu zehn Zentimeter in den Boden eingegraben.

Die Experten der österreichischen Flugunfall-Untersuchungsbehörde können keinen Hinweis auf einen technischen Defekt am Wrack feststellen. Auch eine zu hohe Abflugmasse, verursacht durch die drei Passagiere, ist nach den Ergebnissen ihres Berichts auszuschließen. Zwar ergibt sich bei den Ermittlungen, dass die aktuelle Leermasse in dem vorgelegten Flug- und Betriebshandbuch nicht korrekt eingetragen und zirka 20 Kilogramm höher war als in den Unterlagen angegeben. Das tatsächliche Gesamtgewicht lag zum Zeitpunkt des Unfalls aber immer noch 30 Kilogramm unter der höchstzulässigen maximalen Abflugmasse. Auch die Schwerpunktlage schließen die Experten als Unfallursache aus: Sie lag ebenfalls innerhalb der zulässigen Grenzen.

Als Hauptursache für den Absturz befinden die Ermittler schlicht die mangelnde Erfahrung des Piloten bei Flügen im Hochgebirge. Trotz einer Alpeneinweisung wurde ihm und seinen Passagieren offenbar die Wahl des Flugwegs und der Flughöhe zum Verhängnis: Das Überfliegen der Neuhornbachalpe war für die vollbesetzte Piper aus dem Tal heraus nicht zu schaffen, in der Folge unterschritt der Pilot im Steigflug die Mindestfahrt.

Dem vorausgegangen war der eigentliche, fatale Fehler: der Abstieg aus sicherer Höhe unter die umgebenden Berggipfel – ohne Not, anscheinend einzig zu dem Zweck, eine bessere Sightseeing-Perspektive für die Passagiere einzunehmen. Zusätzlich negativ ausgewirkt haben sich nach dem Bericht der Unfallermittler die hohen Temperaturen und die damit verbundene geringe Luftdichte, durch die die Motorleistung deutlich reduziert war. Leichte Abwindfelder sorgten außerdem für erschwerte Bedingungen während des Steigflugs.

Fast hätte die Überlebenden des Unglücks durch eine Schlamperei in der Flugzeugwerkstatt ein noch schlimmeres Schicksal getroffen: Vermutlich bei Instandhaltungsarbeiten an der Piper hatte jemand den Notsender von „Armed" in die „Off-Position" geschaltet, eine Ortung der Unglücksmaschine per ELT wäre also nicht möglich gewesen. Aus purem Zufall hielt sich eine Rettungsmannschaft in unmittelbarer Nähe zur Unfallstelle auf, ein Hubschrauberpilot hatte die genaue Absturzstelle dann aus der Luft schnell ausgemacht.

Die Helfer waren durch diesen glücklichen Umstand schon nach wenigen Minuten am Wrack und konnten die Opfer rasch versorgen. Andernfalls hätte die Suche vielleicht Tage gedauert – für die Schwerverletzten wohl kaum zu überleben.

Samuel Pichlmaier

Nur wenige Meter neben einem Mehrfamilienhaus schlug der Helikopter vom Typ Hughes 369 D auf. Rechts: ein baugleiches Muster der Unglücksmaschine.

Irrflug in IMC

Hubschrauber-Absturz Tiefe Wolkenuntergrenze, marginale Sicht oder Wind aus schnell wechselnden Richtungen: Was für Flächenflieger eine tödliche Gefahr sein kann, erfordert von Heli-Piloten manchmal nicht mehr als eine Fingerübung. Ohne Sicht wird aber auch ein Hubschrauber-Cockpit zur Todesfalle – wenn Maschine und Pilot VFR unterwegs sind

Wenn's mit dem Wetter mal eng wird, ist es ein gutes Gefühl, in einem Heli zu sitzen: Sicherheits- und Notlandungen auf dem nächstbesten Supermarktparkplatz oder sogar in Nachbars Garten sind im Fall der Fälle kein Problem, Wind von der Seite oder von hinten bringt einen Heli-Piloten sowieso nicht aus der Ruhe, schließlich kann sich ein Hubschrauber in jede beliebige Richtung drehen. Andere Gefahrensituationen gelten für Drehflügler dagegen genauso wie für Flächenflieger: Eine davon heißt IMC (Instrumental Meteorological Conditions). Ein britischer Hubschrauberpilot fühlte sich mit seinem Fluggerät vermutlich zu sicher – und flog ohne IFR-Lizenz in Wolken ein.

Es ist ein ungemütlicher Novembertag: Nieselregen, Temperaturen unter zehn Grad und eine tiefliegende Wolkendecke. Der Pilot einer Hughes 369 D, ein leichter fünfsitziger Turbinenhelikopter, will vom Verkehrslandeplatz Marl-Loemühle nördlich des Ruhrgebiets zu einem privaten Flug nach Idar-Oberstein im Hunsrück starten. Begleitet wird er von einem

Aussichtsloser Abstieg: Auf dem Weg nach Süden setzte der Heli-Pilot seinen Flug trotz IMC fort, dies wurde ihm schließlich zum Verhängnis.

weiblichen Passagier. Um 11:55 Uhr startet der Heli und nimmt Kurs nach Süden. Etwa fünf Minuten später meldet sich der Pilot bei Düsseldorf Information. Er will auf 3000 Fuß steigen. Zu dieser Zeit liegt die Wolkenuntergrenze in Marl-Loemühle mit vier Achtel in 900 Fuß, in 1500 Fuß sind sieben Achtel des Himmels bedeckt.

Der Hubschrauber steigt in den folgenden Minuten in Absprache mit dem Lotsen weiter auf knapp 6000 Fuß und wird dann angewiesen, die Frequenz von Düsseldorf Radar zu rasten. Die Wolkenobergrenze ist dem Heli-Piloten zu diesem Zeitpunkt offenbar nicht bekannt. Vom Radar-Lotsen erfährt er, dass ein Weiterflug zum Zielflugplatz nach VFR nicht möglich sei. Auf die Frage vom Tower, ob er nach IFR weiterfliegen könne, verneint der Brite, bittet aber zum Erstaunen des Lotsen um einen radargeführten Sinkflug durch die Wolken (cloud breaking). Der Lotse verweigert dies mit Hinweis auf die fehlende Instrumentenflugberechtigung. Ohne Absprache mit dem Tower dreht der Heli jetzt nach Norden ab. Er will nach Marl-Loemühle zurückfliegen und bittet erneut um einen radargestützten Sinkflug durch die Wolken. Der Heli fliegt inzwischen über einer geschlossenen Wolkendecke mit Untergrenzen in 1200 Fuß. Wenig später meldet der Pilot Vereisung an den Rotorblättern. Er ist jetzt in Wolken und verliert deutlich an Höhe. Ein weiteres Mal bittet er um einen geführten Sinkflug auf 3500 Fuß, offenbar will er die Ablehnung des Lotsen nicht akzeptieren; der aber darf ihn ohne entsprechende Voraussetzungen nicht radargestützt durch IMC leiten. Ohne die Wolken zu verlassen, sinkt die Maschine weiter auf 2500 Fuß. Der Irrflug nimmt kein Ende. Auf Anweisung des Controlers leitet der Pilot wieder einen Steigflug ein.

Um 12:34 Uhr meldet er schließlich „Mayday, Mayday". Diese Entscheidung kommt zu spät, wie sich kurz darauf zeigen wird. Die genaue Art der Notlage bleibt indes unbekannt. Um 12:35 Uhr versucht der Lotse den Hubschrauber über Radar zum Flughafen Köln-Bonn zu leiten. Der Pilot soll auf Südkurs drehen und wieder auf 3500 Fuß steigen.

Der letzte Funkspruch aus dem Heli-Cockpit kommt nur noch bruchstückhaft an: „We are out of ..." – ob der Pilot „out of IMC" oder „out of control" melden wollte, bleibt rätselhaft. Zeugen berichten später, dass die Hughes um 12:37 Uhr bei geringer Flugsicht mit starker negativer Längsneigung aus tief hängenden Wolken dem Boden entgegen schießt. Kurz darauf kracht sie nur wenige Meter neben einem Mehrfamilienhaus am Rande der Ortschaft Lindlar-Fenke auf eine Wiese. Pilot und Passagier sind vermutlich sofort tot. Die Kabine des Hubschraubers wird völlig zertrümmert und fängt Feuer. Der Brand vernichtet sämtliche Unterlagen an Bord.

Die Experten der Bundestelle für Flugunfalluntersuchungen (BFU) stellen bei den folgenden Nachforschungen an der Unglücksmaschine keinen Hinweis auf einen technischen Mangel fest. Wieviel Flugerfahrung der Pilot hatte, konnte aufgrund der verbrannten Unterlagen nicht geklärt werden.

Mehr Aufschluss bringt ein genauerer Blick auf die Wetterlage: Die Wolkenuntergrenze reichte zum Zeitpunkt des Unglücks über dem Flughafen Köln-Bonn, 25 Kilometer von der Unfallstelle entfernt, bis 900 Fuß über Grund. Die Aufschlagstelle im Bergischen Land liegt auf etwa 900 Fuß MSL. Zeugen sagen aus, dass dort zum Unfall-Zeitpunkt nebliges, regnerisches Wetter mit Sichten unter 1000 Metern herrschte. Die Hügel oberhalb einer Höhe von 60 Metern seien komplett von Wolken verhüllt gewesen.

Die Unfall-Experten der BFU kommen zu dem Ergebnis, dass der Heli-Pilot bereits durch seine Entscheidung, on top zu fliegen, ohne die Wolkenobergrenze zu kennen, die nachfolgenden Ereignisse eingeleitet habe. Eine weitere fatale Fehlentscheidung: Er flog ohne Instrumentenflugberechtigung in IMC ein. Schließlich, so geht aus dem Untersuchungsbericht hervor, sei er in ein Gebiet mit Vereisungsbedingungen geraten und habe vermutlich auch dadurch die Kontrolle über seine Maschine verloren. Bei ihren Nachforschungen stoßen die Experten aber noch auf ein weiteres brisantes Detail: Der Pilot besaß weder eine deutsche noch eine amerikanische, sondern lediglich eine britische Helikopter-Lizenz. Zu dem Flug mit einem N-registrierten Hubschrauber über deutschem Gebiet hätte er also gar nicht erst starten dürfen.

Samuel Pichlmaier

Chancenlos: Durch den harten Aufschlag in bewaldetem Gelände wurde das UL völlig zerstört.

Fabrikneu ins Unglück

Absturz beim Werkstattflug Crashs wegen schlampiger Wartung, Materialermüdung oder überschrittener Nutzungsdauer – alles schon passiert. Aber ein Absturz aufgrund zu neuer Teile?

So könnte ein Traumjob aussehen: nagelneue Flugzeuge an Kunden ausliefern und vorher noch ein paar Runden drehen, um den einwandfreien technischen Zustand zu überprüfen. Nicht wie ein Testpilot also, der immer mit Risiken im Nacken fliegt und sich ständig auf unbekanntes Terrain begibt. Im Gegenteil: alles zertifiziert und sicherheitstechnisch auf dem neuesten Stand. Auch jahrelanger Verschleiß oder unsachgemäße Reparaturen, die vielleicht bei mancher Chartermaschine ungute Gefühle aufkommen lassen, sind ausgeschlossen.

Einen Job dieser Art hat der ukrainische Werkspilot, der am 13. September 2006 vom brandenburgischen Flugplatz Eggersdorf mit einer fabrikneuen CT starten will. Bei seiner Arbeit geht der 37-Jährige auch an diesem Spätsommertag eigentlich kein allzu großes Risiko ein. Der Himmel ist wolkenlos, die Sicht über zehn Kilometer weit.

Um 12:20 Uhr hebt die CT von der Graspiste ab und nimmt Kurs in östliche Richtung. Um die Maschine vor der Auslieferung nochmal auf Herz und Nieren zu testen, will der Pilot über dem Gebiet zwischen der Bundesstraße B1 und den nahe gelegenen Ortschaften Heinersdorf, Marxdorf und Jahnsfelde einige Manöver fliegen. Radaraufzeichnungen belegen, dass die CT nach Verlassen der Platzrunde sehr schnell unterwegs ist. Aus den Daten lässt sich für diesen Flugabschnitt später eine mittlere Geschwindigkeit von 287 Stundenkilometern über Grund errechnen.

Kurz nachdem der Pilot die Bundesstraße überquert hat, reißen die Radaraufzeichnungen

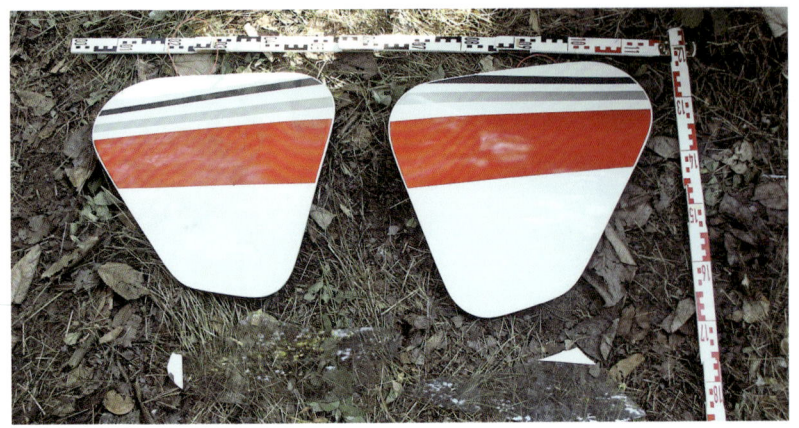

Rätselhafte Trümmer: Die beiden Gepäckluken wurden zwischen 400 und 500 Meter vom Wrack entfernt gefunden. Vermutlich waren sie durch einströmenden Fahrtwind vom Rumpf abgerissen worden.

ab. Die Antenne deckt in diesem Gebiet nur Flughöhen über 200 Fuß MSL ab. Zu diesem Zeitpunkt geht der Hochdecker urplötzlich in einen steilen Sinkflug über. Ein Zeuge beschreibt die ungewöhnliche Fluglage danach als „kopfüber". Wenige Sekunden später wird die Situation noch dramatischer: Die Maschine kommt ins Trudeln. Drei- bis viermal dreht sich das UL um die Hochachse. Erst dann schafft es der Pilot, die Spiralbewegung auszuleiten. Zu spät. Um 12:30 Uhr, nur zehn Minuten nach dem Start, streift der Hochdecker die ersten Baumwipfel und stürzt Sekundenbruchteile später in ein Waldstück westlich von Jahnsfelde. Schwer verletzt wird der Pilot von herbeieilenden Rettungskräften aus dem Wrack gezogen. Wenige Stunden später stirbt er im Krankenhaus.

Die Unfallursache ist zunächst völlig rätselhaft: ein fabrikneues Flugzeug, kein Verschleiß, keine unerkannten Rangierschäden, keine Materialermüdung. Dazu ein erfahrener Pilot, mit dem UL-Muster bestens vertraut. Nach Angaben seines Arbeitgebers hatte der Ukrainer weit über 400 Stunden auf der CT in seinem Flugbuch stehen. Was war geschehen? Am Unglücksort stoßen die Experten der Bundesstelle für Flugunfalluntersuchung (BfU) auf einige rätselhafte Details, die erst durch akribische Puzzlearbeit ein vages Bild des Geschehens ans Licht bringen.

Fragen werfen zunächst die Fundstellen von Funkgerät und Headset auf: Beide liegen etwa 250 Meter nördlich des Wracks im Wald. Auch Bruchstücke der Dachverglasung des ULs finden sich 300 bis 380 Meter entfernt von der Absturzstelle. Die beiden Gepäckraumluken entdecken die Unfallermittler sogar 400 beziehungsweise 500 Meter nördlich des Wracks. Wie lässt sich die Lage all dieser Teile erklären, und wodurch wurde die CT überhaupt derart aus der Bahn geworfen?

Den entscheidenden Hinweis liefert eine genauere Untersuchung der Höhen- und Trimmrudermechanik. Bei dem freitragenden Hochdecker ist das Höhenleitwerk als Pendelruder konzipiert, die gesamte Leitwerksfläche also schwenkbar. Dadurch bewirken schon geringe Ausschläge des Höhenruders große Bewegungen um die Querachse. Außerdem verläuft bei der Modellreihe des Unfallflugzeugs das Trimmruder des Höhenleitwerks über die gesamte Hinterkante. Eine vergleichsweise geringe Verstellung führt ebenfalls zu einer deutlich spürbaren Änderung der Längsneigung. Mittels einer dem Trimmhebel vorgespannten Spiralfeder sind jedoch besonders feinfühlige Einstellungen an der Trimmung möglich. Die

Spannung der Feder ist durch verschiedene Trimmpositionen veränderbar.

Versuche der Firma Flight Design haben gezeigt, dass eine fabrikneue Feder im Trimmsystem unter bestimmten Umständen blockieren kann. Diese Blockade löst sich dann schlagartig. Die Folge: Der Trimmhebel wird abrupt in Richtung kopflastig verschoben. Dieser Effekt lässt sich ausschließlich an einer neuen Feder beobachten, nach vier bis fünf Wiederholungen des Vorgangs ergibt sich aufgrund bleibender Verformungen kein extremer Lastsprung mehr. Um einen kritischen Zustand bei einer neuen Feder zu erreichen, muss die Trimmung am Handrad langsam nach vorn auf die Position kopflastig gedreht werden. Genau dieses Verfahren wird beim Stückprüfflug angewendet, um die Wirksamkeit der Trimmung zu prüfen.

Die abrupte Nickbewegung kurz vor dem Trudelsturz, die der Zeuge als „Kopfüber"-Flug bezeichnete, könnte auf jenen „Spannfeder-Effekt" zurückzuführen sein. An der verunglückten Maschine war das Trimmsystem aber so stark zerstört, dass die Experten die mögliche Ursache nicht mehr nachweisen konnten.

Nachdem die Maschine in den steilen Flugzustand geraten war, nahm das Geschehen durch eine Verkettung weiterer unglücklicher Umstände seinen Lauf: Als Folge der plötzlichen Nickbewegung wurden Funkgerät und Headset, die lose auf dem Copilotensitz lagen, durch die negative Beschleunigung nach oben aus dem Cockpit geschleudert. Der durch das Loch eindringende Fahrtwind drückte dann vermutlich die Gepäckklappen aus dem Rumpf (aufgrund der hohen Fluggeschwindigkeit mit großer Kraft).

Anzunehmen ist außerdem, dass der Pilot wegen der steilen Fluglage die Maschine stark verzögerte. In Kombination mit dem deutlich erhöhten Luftwiderstand durch die geborstene Gepäckluke sowie das Loch im Kabinendach führte diese Reaktion vermutlich in einen überzogenen Flugzustand und in der Folge in den Trudelsturz. Zwar konnte der Ukrainer die CT wieder unter Kontrolle bringen, die Flughöhe war jedoch zu gering, um die Maschine sicher abzufangen. Wenige Meter mehr Sicherheitshöhe hätten dem Piloten womöglich das Leben gerettet.

Schließlich finden die BfU-Ermittler noch ein letztes Glied in der Verkettung unglücklicher Zufälle: Die CT war für einen französischen Kunden vorgesehen. Da ein Rettungssystem in Frankreich nicht vorgeschrieben ist, hatte der Käufer darauf verzichtet. Selbst in geringer Höhe aber wäre die Aufschlagenergie durch den Öffnungsstoß des Fallschirms deutlich abgebaut worden – mit entsprechend größeren Überlebenschancen für den Piloten.

Samuel Pichlmaier

Zu wenig Sicherheitshöhe: Zwischen Jahnsfelde und Heinersdorf kam die CT ins Trudeln, über dem Wald konnte der Pilot das UL nicht mehr rechtzeitig abfangen.

Spiel mit dem Feuer

Unzulässige Trudelübung Trudeln mit einer Zweimot ist ein extrem gewagtes Manöver. Per Notfall-Strategie aus dem Handbuch kann der gefährliche Flugzustand beendet werden – wenn die Höhe ausreicht

An einem bedeckten Apriltag beobachten Spaziergänger nahe der Ortschaft Ascheberg im Münsterland das beeindruckende Spektakel einer Zweimot. In starker Schräglage kurvt das Flugzeug mal links, mal rechts herum. Erst verliert die Maschine zügig Höhe, anschließend geht sie in einen treppenartigen Steigflug über – erst langsam, dann schnell, dann wieder sehr langsam. Die ungewöhnlichen Flugbewegungen erscheinen den Augenzeugen an diesem Nachmittag wie die Abfolge genau einstudierter Manöver. Die da oben müssen schließlich wissen, was sie tun.

Das Wrack der Conquest lässt erkennen, mit welcher enormen Energie die Zweimot auf dem Acker aufschlug. Die Triebwerke sind nach unten abgeknickt, aber noch in ihren Aufhängungen. Das Leitwerk ist abgebrochen, aber noch durch die Steuerseile mit dem Rumpf verbunden.

Was die Beobachter am Boden nicht ahnen können: Dort oben fliegen zwei Piloten, die ihre Maschine, eine Cessna 441 Conquest, bewusst an die Grenze der Flugfähigkeit bringen – und darüber hinaus, wie sich später herausstellen soll.

Die Steilkurven und Überziehmanöver sind Übungen im Rahmen einer Einweisung. Der verantwortliche Pilot gilt mit fast 14 000 Stunden als sehr erfahren. Seit 14 Jahren hat er den ATPL und darf Piloten auf die Muster ATR 42/72 und Cessna 441 einweisen. Sein Schüler hat fast 2000 Stunden Flugerfahrung, überwiegend auf Einmots. Mit der zweimotorigen Turboprop absolviert er gerade seine vierte Einweisungsstunde.

Aus den Radaraufzeichnungen lässt sich detaillierter entnehmen, was den Spaziergängern am Boden wie eine Airshow vorkommt. Westlich der Stadt Werne fliegt die Maschine in Flugfläche 27 erst einen Kreis nach links und geht dann in einen Rechtskreis über. In diesem Rechtskreis sinkt sie kurzfristig mit 2000 bis 3000 Fuß pro Minute auf Flugfläche 15. Dabei muss die Eigengeschwindigkeit der Conquest zunächst 150 Knoten und am Ende des Kreises 125 Knoten betragen haben. Anschließend steigt die Cessna wieder auf Flugfläche 38, was einer Höhe von 3259 Fuß über Grund entspricht. Die Steigrate erhöht sich dabei zunächst von 700 auf 2000 Fuß pro Minute, um dann auf Werte zwischen 200 und 500 Fuß pro Minute abzufallen.

Im weiteren Flugverlauf kurvt der Pilot wieder auf Nordkurs, während die Geschwindigkeit kurzzeitig auf 75 Knoten abfällt. Laut Handbuch beträgt die Stallspeed der Conquest mit null Grad Querneigung, eingefahrenen Klappen und einer Masse von 3628 Kilogramm 82 Knoten IAS. Das entspricht genau dem Gewicht, was die Cessna

Die Cessna 441 Conquest ist ein zweimotoriger Turbinen-Tiefdecker. Die Triebwerke vom Typ Garret TPE-331-10N-514S erzeugen je 635 PS Wellenleistung.

zu dieser Zeit hat. Unmittelbar darauf zeichnet das Radar einen steilen Sinkflug mit 4500 Fuß pro Minute auf. Dabei beträgt die Geschwindigkeit kaum mehr als 60 Knoten. In Flugfläche 11 (590 Fuß GND) enden die Radaraufzeichnungen.

Während dieser Sekunden hören die Spaziergänger das Aufheulen überdrehter Triebwerke. Sie beobachten, wie sich die Conquest in einer „korkenzieherartigen" Bewegung dem Erdboden nähert. Die Zeugen geben später zu Protokoll, sie hätten gesehen, wie die Maschine in geringer Höhe und ohne Längsneigung „flach wie ein Teller" um die eigene Achse drehte, bevor sie nahe eines Bauernhofes auf einen Acker prallte.

Bei der Besichtigung des Unfallorts stellten die Ermittler der Bundesstelle für Flugunfalluntersuchungen (BFU) fest, dass die Zweimot keine Spuren hinterlassen hat, die auf eine Vorwärtsgeschwindigkeit beim Absturz schließen lassen. Die Piloten waren beide nicht angeschnallt und erlitten durch den fast senkrechten Aufprall der Maschine mehrfache Brüche der Wirbelsäule. Der Absturz war nicht überlebbar. Auch nach Auswertung der Augenzeugenberichte lag die

Der Erdboden um das Wrack herum weist kaum Absturzspuren auf. Das verstärkt die Annahme, dass die Cessna 441 ohne Vorwärtsbewegung fast senkrecht aus dem Flachtrudeln heraus aufgeschlagen war.

Vermutung nahe, dass die Cessna zum Schluss ins Flachtrudeln geraten war und nicht mehr abgefangen werden konnte.

Wetteraufzeichnungen belegen, dass die Wolkenuntergrenze an diesem Tag bei 3500 bis 4000 Fuß GND lag. Ohne Zweifel gutes VFR-Wetter, aber zu tief, um das Verhalten der Conquest beim Strömungsabriss kennenzulernen. Denn das Handbuch schreibt eine Mindesthöhe von 5000 Fuß GND für solche Übungen vor.

Technische Probleme, die zum Unfall beigetragen haben könnten, schließt die BFU aus. Es wurden keine unfallrelevanten Mängel gefunden. Schwerpunkt und Masse lagen innerhalb der zulässigen Grenzen. Zudem konnte im Nachhinein nicht festgestellt werden, welcher der beiden Insassen zum Unfallzeitpunkt das Flugzeug steuerte. Allerdings stellten die Ermittler im Laufe ihrer Untersuchungen fest, dass der einweisungsberechtigte Pilot die Ansicht vertrat, dass bei einer Einweisung auf ein neues Muster mindestens einmal ein Überziehen bis zum Abkippen gezeigt werden sollte.

Die schriftliche Aussage eines Informanten belegt, dass es zirka vier Wochen vor dem Unfall zu einem ähnlichen Zwischenfall gekommen war, als der Einweiser mit derselben Maschine einen Stall vorführte. Dabei gelang es der Besatzung erst im dritten Versuch bei einer Geschwindigkeit von 160 Knoten und einer Längsneigung von 45 Grad, das Flugzeug wieder in den Griff zu bekommen. Der Höhenverlust betrug damals zwischen 2300 und 2800 Fuß.

Peter Berg

Eisige Gratwanderung

Sicht- und Kontrollverlust im Winter Schnee und Minusgrade – das muss nicht heißen, dass Fliegen nach VFR unmöglich ist. Was soll schon schief gehen, wenn man sich einem erfahrenen Piloten anvertraut?

Der Winter, so scheint es, teilt Piloten in zwei Lager. Die einen hängen einfach Ende Oktober die Fliegerjacke an den Nagel und warten auf die ersten Frühlingstage sowie darauf, dass das Thermometer wieder Plustemperaturen anzeigt. Die anderen ziehen sich warm an und lassen sich von trüben Tagen nicht abschrecken.

So macht sich Mitte Dezember ein Berufspilot mit einer Socata MS 893-A Morane auf den Weg von Freiburg nach Grenchen in der Schweiz. An Bord ein Passagier, der auf dem Flugplatz Grenchen abgesetzt werden möchte. Die beiden kennen sich: Früher war der Reisende einmal Flugschüler bei seinem Piloten, der unter anderem auch die Berechtigung besitzt, Fluglehrer, Privat- und Berufspiloten zu schulen. Mit über 4800 Stunden im Flugbuch gilt er als sehr erfahren; 360 Stunden und 339 Landungen hat er auf der Morane absolviert. Von Grenchen aus will der 37-Jährige sofort wieder zurück nach Freiburg, denn er hat heute noch etwas vor: Bannerschlepp steht auf dem weiteren Tagesprogramm. Für den Trip hat er, wie bei einem Flug ins Ausland vorgeschrieben, einen Flugplan aufgegeben. Das Wetter an diesem Tag ist der Jahreszeit entsprechend winterlich; aus Norden strömt feuchtlabile Meeresluft

Ende einer Winterreise: Beinahe senkrecht stürzte der Tiefdecker in den Bergwald. Pilot und Passagier waren sofort tot.

in die Region. Sichtflug ist möglich, doch am Westrand des Schwarzwaldes stauen sich die Wolken mit tiefen Untergrenzen. Für das GAFOR-Gebiet 61, in dem der Schwarzwald liegt, gibt der Deutsche Wetterdienst eine Schneewarnung heraus.

Schlechte Sicht wäre für den Piloten der Morane noch nicht einmal das Problem, denn er hat eine Lizenz für einmotorige Landflugzeuge bis 2000 Kilogramm nach VFR und auch nach IFR. Allerdings ist der Tiefdecker nicht für Instrumentenflug zugelassen. Ein Künstlicher Horizont und eine VOR-Navigationsanlage sind aber vorhanden – im Notfall womöglich lebensrettend. Viel entscheidender jedoch ist, dass die Morane kein System zur Enteisung hat. Doch mit Vereisung wäre an diesem Tag zu rechnen, wenn es höher hinauf in die Wolken gehen soll.

Morgens um 8:30 Uhr Ortszeit geben die beiden den Flugplan auf und starten. Die Route soll von Freiburg aus direkt in Richtung 190 Grad zum Hochwald VOR führen, dann weiter mit Kurs 210 Grad nach Grenchen. Das Problem dabei: Die erforderliche Sicht ist nicht gegeben, um auf dieser Strecke nach VFR zu navigieren. Doch genau das versucht der Pilot. Weshalb er das tut, lässt sich später nicht mehr nachvollziehen. So geht es in niedriger Höhe am Westrand des Schwarzwaldes entlang, und damit genau dort, wo sich die Wolken türmen und dabei immer tiefer reichen.

Ein minimaler Umweg hätte die Verhältnisse deutlich verbessert: Nur zehn Nautische Meilen weiter im Westen bei Mülhausen wären die Bedingungen für Sichtflug erfüllt, auch ist das Gelände dort flacher.

Etwas mehr Aufwand im Sprechfunkverkehr hätte diese Strecke erfordert, um die kontrollierten Lufträume rund um das elsässische Colmar und bei Basel-Mülhausen durchqueren zu können. Doch für jemanden mit dem Ausbildungsstand dieses Piloten sollte das kein Problem sein. Vielleicht weiß er aber auch gar nichts von dem weitaus besseren Wetter im Westen, denn weder unter seinem Namen noch für das Kennzeichen der Morane gibt es eine individuelle Flugwetterberatung an diesem Tag. Der Pilot hält fest an seinem Vorhaben und hangelt sich an einem Höhenrücken entlang in Richtung Süden. Ungefähr eine halbe Stunde lang geht das gut. Kandern ist eine kleine Ortschaft, etwa 25 Kilometer südwestlich von Freiburg. An ihrer höchsten Stelle liegt sie bei 711

Marginale Sicht, eisige Temperaturen: Zwei Stunden nach dem Unfall entstand diese Aufnahme aus dem Rettungshubschrauber über der Unfallstelle.

Reduzierter Auftrieb bei erhöhter Stallspeed: Eine NASA-Testreihe zeigt, wie verheerend sich Vereisung am Flügel auf die Aerodynamik eines Flugzeugs auswirkt.

Metern. Als die Morane den Ort erreicht, liegt die Wolkenuntergrenze dort bei 2500 Fuß MSL (750 Meter). Die Wolken reichen bis FL110, und der Höhenrücken, an dem entlang der Pilot zu navigieren versucht, ragt bereits in die Wolken hinein. Unterhalb der Bewölkung ist es diesig, vereinzelt schneit es, die Sicht am Boden beträgt zirka 1000 Meter – deutlich unter dem VFR-Minimum. Bei minus drei Grad Kälte kommt der Wind mit bis zu 30 Knoten aus nordwestlicher Richtung.

Um 9:00 Uhr hört ein Zeuge in Kandern über sich in den Wolken ein zunächst gleichmäßig klingendes Motorgeräusch. Kurz darauf sieht er ein Flugzeug, das mit großer Längsneigung aus den Wolken kommt und mit laufendem Triebwerk hinter dem Höhenrücken verschwindet. Dann folgt das Geräusch eines Aufschlags. Der Zeuge verständigt die Polizei. Die Morane stürzt nahezu senkrecht in den Wald und schlägt in Rückenlage auf; die beiden Insassen haben keine Chance, den harten Aufprall zu überleben. Gegen 10.25 Uhr findet ein SAR-Hubschrauber das Flugzeugwrack in dem 530 Meter hoch gelegenem Waldgebiet.

Die Bundesstelle für Flugunfalluntersuchungen (BfU) kann bei ihren Ermittlungen keinerlei Defekte an der zwar fast 40 Jahre alten, aber gut gewarteten Maschine feststellen. Der Motor lief bis zuletzt mit hoher Leistung; neben der Aussage des Zeugen bestätigt dies ein nahe bei dem Wrack liegender Baumstamm mit 35 Zentimeter Durchmesser, den der drehende Propeller zu zwei Dritteln durchschlagen hat. Am VOR-Empfänger ist noch die Frequenz von Hochwald gerastet, das Funkgerät auf 121,25 Megahertz eingestellt. Vielleicht wollte der Pilot noch im letzten Moment auf die Notfrequenz kommen, um seine Schwierigkeiten zu melden.

Was letzten Endes genau passiert ist, lässt sich nicht mehr exakt rekonstruieren, aber doch erahnen: Beim Einflug in die Bewölkung über Kandern kam es entweder zum Orientierungsverlust des Piloten oder zur Vereisung an Tragflächen und Leitwerk des Flugzeugs. Die Folge war der Kontrollverlust.

Angesichts der hohen Qualifikation des Flugzeugführers ist sein Verhalten im Bezug auf Flugplanung und -durchführung kaum nachvollziehbar. Den Transponder, der für den Einflug in die kontrollierten Lufträume von Colmar oder Basel-Mülhausen nötig gewesen wäre, ließ er ausgeschaltet. Er suchte auch keinen Funkkontakt mit der Flugsicherung, um etwa noch unterwegs Wetterinfos einzuholen. Vielleicht hätte er dann noch rechtzeitig erfahren, dass die Welt an diesem Dezembertag nur wenige Meilen weiter westlich deutlich freundlicher aussah.

Martin Naß

Ausführung mangelhaft

Crash nach Motorausfall Viele Luftsportbegeisterte verwirklichen ihren Traum vom Fliegen in der UL-Klasse, ohne große bürokratische Hürden. Und während die „Großen", wenn's mal hakt, immer gleich zum LTB müssen, lässt sich am UL einiges ganz legal selbst erledigen – Fachkunde vorausgesetzt. Die hat allerdings nicht jeder Schrauber

Wenn man als Pilot von interessierten Laien gefragt wird, was denn eigentlich bei der Fliegerei das Gefährlichste sei, fallen einem gleich einige mehr oder weniger originelle Antworten ein. „Die Erde", lautet so eine; „die Gefahr zu verhungern" eine andere, die einem Stunt-Piloten kurz nach dem Ersten Weltkrieg zugeschrieben wird. Sachlicher könnte man argumentieren: „Wenn man erstmal oben ist, ist die sonntägliche Radtour gefährlicher."

Ein baugleiches Muster

Extrem agiles Selbstbau-Flugzeug: Rans S-10 Sakota. Für eine Umkehrkurve reichte der Unfallmaschine die Höhe dennoch nicht.

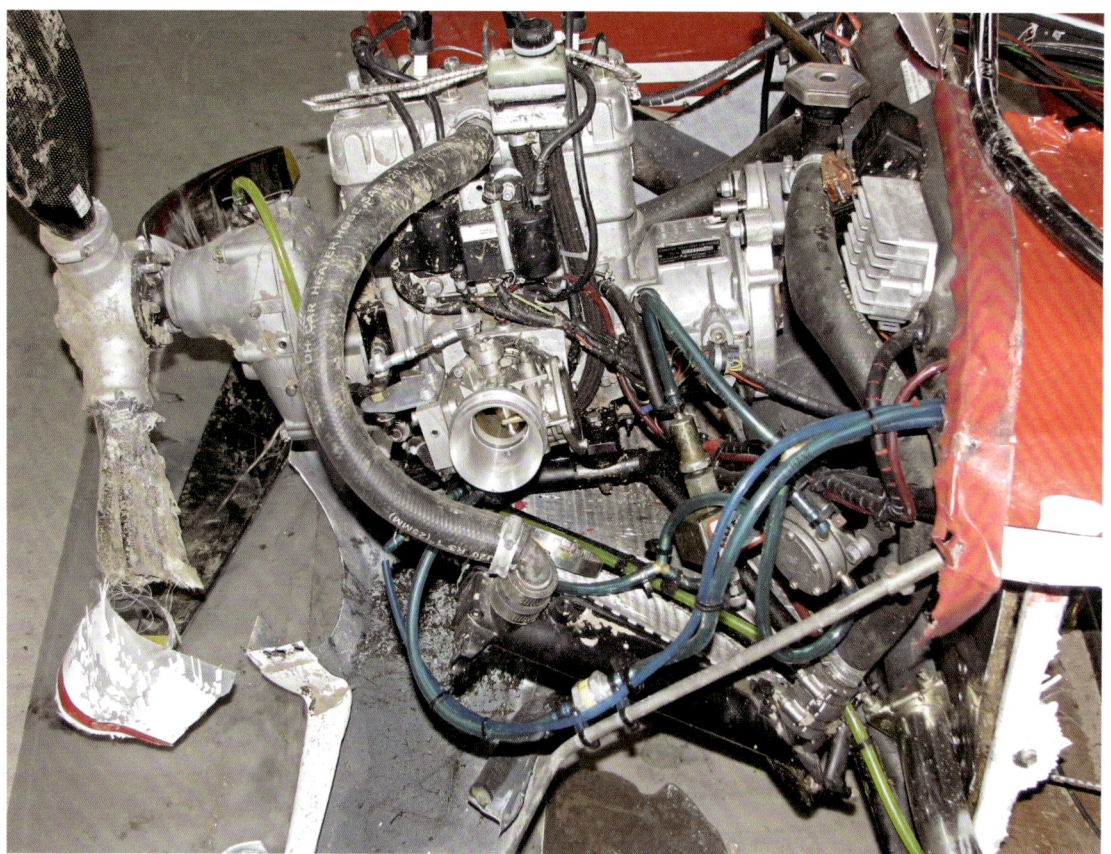

Rätselhaftes Triebwerk: Im Protokoll der Stückprüfung ist ein Rotax 582 eingetragen, das Typenschild weist aber einen 532 aus – für die S-10 in Deutschland nicht zulässig.

Flugschüler lernen früh, dass die meisten Unfälle in der Start- und Landphase passieren, denn hier ist die Maschine in einem Zustand, den sie eigentlich nicht mag: tief und langsam. Kritisch und gefürchtet ist vor allem ein Motorausfall während des Starts, der deswegen auch in der Ausbildung geübt wird – hoffentlich gründlich.

„Power weg! Was nun?" Schon an diesem Punkt gehen die Meinungen auseinander. Viele raten von einer Umkehrkurve, wie man sie instinktiv machen will, kategorisch ab und predigen das sture Gradeausgleiten, allenfalls mit leichten Kurskorrekturen und stets mit dem Ziel einer möglichst sanften Außenlandung. Andere sagen: „Kommt ganz darauf an ..." – nämlich auf die aktuelle Höhe beim Triebwerksausfall und die Art des Luftfahrzeugs. Denn mit einem schnellen UL, das mühelos über acht Meter pro Sekunde steigen kann, liegt es durchaus im Bereich des Möglichen, auch nach einem Motorausfall beim Start den sicheren Flugplatz wieder zu erreichen und vielleicht sogar ohne Bruch aufzusetzen.

Das mag sich auch der Pilot einer Rans S-10 Sakota gedacht haben, als ihm kurz nach dem Start das Triebwerk versagt. Gestartet ist er in den frühen Abendstunden eines Januartags vom Flugplatz Bexbach bei Saarbrücken, von einer der beiden Graspisten mit Ausrichtung 220 und 240 Grad. Der Wind weht mit

Crash nach Motorausfall

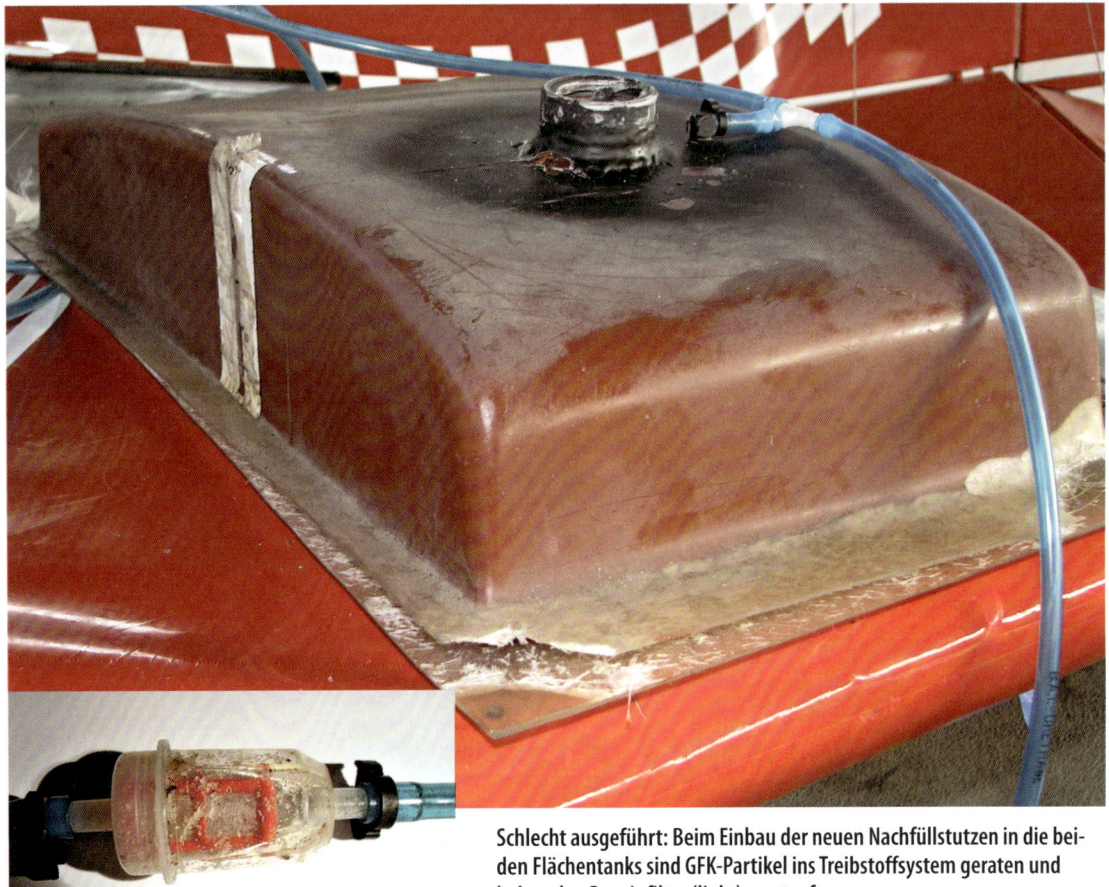

Schlecht ausgeführt: Beim Einbau der neuen Nachfüllstutzen in die beiden Flächentanks sind GFK-Partikel ins Treibstoffsystem geraten und haben den Benzinfilter (links) verstopft.

bis zu acht Knoten aus westlicher Richtung, der Himmel ist wolkenlos, die Sicht gut.

Doch lange kann der 37-Jährige diese Flugbedingungen nicht genießen, denn der Motorstillstand erwischt ihn in einer Höhe von zirka 150 Metern – jetzt muss er sich rasch entscheiden, wie er mit der Notsituation umgehen will. Er leitet eine Umkehrkurve ein. Doch es klappt nicht wie geplant: Zeugen sehen, wie der kleine wendige Mitteldecker mit einer Bahnneigung von 30 Grad und Schräglage nach links auf den Boden prallt, nur 100 Meter vom Flugplatz entfernt und in Verlängerung der Piste 06. Das UL trifft mit der linken Tragfläche und dem Propeller zuerst auf, das Fahrwerk reißt ab, der linke Flügel wird eingeknickt, das gesamte Flugzeug gestaucht. Motor- und Rumpfverkleidung sowie Kabinenverglasung – nichts bleibt heil, der linke Flächentank platzt auf, Treibstoff tritt aus. Zu einem Brand kommt es glücklicherweise nicht. Der Pilot überlebt den Absturz schwer verletzt.

250 Stunden Flugerfahrung, davon 45 auf der Rans S-10 stehen in seinem Flugbuch. Er besitzt darüber hinaus die Berechtigung für Flüge mit Passagieren und zum Schleppen sowie eine Segelfluglizenz mit Klassenberechtigung für Motorsegler. Außerdem ist er anerkannter Luftfahrt-Sachverständiger und arbeitet freiberuflich als Sachverständiger in einem Ingenieurbüro für Kraftfahrzeuge und

Maschinenwesen. Seine Rans hatte er knapp ein halbes Jahr zuvor aus Großbritannien nach Deutschland geholt. Nach einer Stückprüfung durch den Deutschen Aero Club erhielt sie vom Luftsportgeräte-Büro des DAeC die Verkehrszulassung. Der Motor wurde grundüberholt, die Betriebszeit lag bis zum Unfall bei 14 Stunden.

Bei der Untersuchung des Wracks durch die Ermittler der Bundesstelle für Flugunfalluntersuchungen (BFU) zeigt sich, dass es widersprüchliche Angaben darüber gibt, was eigentlich unter der Rans-Cowling steckt: Eingetragen ist ein Rotax-Zweitakter vom Typ 582, so steht es jedenfalls im Protokoll der Stückprüfung des DAeC. Am Motorgehäuse ist allerdings ein Typenschild mit einer Seriennummer für einen Rotax 532 angebracht. Wie kann das sein?

In den britischen Papieren der Unfallmaschine ist ein Motor-Umbau dokumentiert, eine „532 conversion to 582", für die es von Rotax keine offizielle Erlaubnis gibt. In der letzten Nachprüfung in Großbritannien ist nach wie vor ein Rotax 532 eingetragen; bei der Stückprüfung in Deutschland wird der Motor dennoch als Rotax 582 deklariert, entgegen dem anders lautenden Typenschild. Äußerlich gleicht der 582 dem 532, letzterer ist allerdings für den Betrieb in der Rans S-10 nicht zugelassen – zumindest nicht in Deutschland.

Die Untersuchung der BFU fördert weitere Mängel zu Tage; manche davon scheinen zunächst einmal trivial: Nicht ordnungsgemäß angebrachte Kennzeichen, keine Warnhinweise an der Ausschussöffnung des Rettungssystems, fehlende Beschriftungen für die maximale Zuladung des Gepäckfachs, aber auch falsche Sicherheitsgurte. Doch dann geht's ans Eingemachte: Der montierte Membran-Vergaser von Mikuni entspricht nicht den von Rotax geforderten Spezifikationen und hat keine Zulassung für den Betrieb in Deutschland. Noch dazu ist die Kraftstoffpumpe des Vergasers in einer falschen Position montiert: vertikal statt horizontal. Die beiden Tanks entsprechen nicht den Vorgaben des Herstellers, ihnen fehlt die erforderliche Wasserdrainage.

Nachträglich eingebaut sind auch die beiden neuen Tankdeckel und die Einfüllstutzen, die Spritschläuche hat der Halter ebenfalls ausgetauscht. Das ist nicht verboten, doch es zeigt sich, dass hier nach dem Grund für das Motorversagen zu suchen ist: Im Benzinfilter schwimmen einige rote Partikel, die sich der Tankbeschichtung zuordnen lassen, dazu nicht wenige weiße Schwebeteilchen. Sie sind aus demselben Material, aus dem auch die Kraftstoffbehälter bestehen; das zeigt die Analyse mit einem Infrarotspektroskop. Offenbar sind beim Einbau der neuen Einfüllstutzen GFK-Partikel in den Tank und damit ins Treibstoffsystem geraten. Die Reste im Benzinfilter verminderten schließlich den Benzindurchfluss zum Motor, wofür auch die hellgraue Verfärbung der Zündkerzen spricht: ein Hinweis auf eine magere Verbrennung.

Die Abmagerung des Triebwerks, so heißt es im BFU-Bericht, ist die Ursache für den Motorstillstand. Grund für den Absturz: zu geringe Geschwindigkeit und ein Strömungsabriss beim Versuch, mit einer Umkehrkurve den Platz wieder zu erreichen. Von diesem Manöver – so die BfU-Experten – rate aber das Flug- und Betriebshandbuch der S-10 bei weniger als 150 Metern Höhe ab. Doch in der Hektik und der kurzen Zeit, die dem Piloten für eine Entscheidung blieb, wird er auch das übersehen haben – nachvollziehbar, aber leider folgenreich.

Martin Naß

Die Kabine der S-12 hat sich fast senkrecht in den Acker gebohrt. Pusher-Antrieb, Propeller und Leitwerk sind nahezu unbeschädigt.

Kein Schub – keine Chance

Motorausfall im Steigflug Wenn der Motor seinen Dienst versagt, kann eine schnelle Reaktion lebensrettend sein. Dazu muss der Pilot seine Maschine gut kennen. Überraschende Eigenheiten können im Ernstfall zur Todesfalle werden

Schon in den ersten Übungsstunden bekommt man als Flugschüler eines immer wieder eingebläut: Streikt der Motor im Anfangssteigflug, muss der Knüppel sofort nach vorn. Das muss wie im Schlaf gehen, eine instinktive Bewegung. Denn nimmt der Flieger jetzt nicht rasch Fahrt auf, ist die Katastrophe programmiert: Strömungsabriss, Kontrollverlust, Trudelsturz.

Bestimmte Umstände verschärfen die Situation zusätzlich: Der Steigflug bei Vx oder Vy bringt zwar normalerweise einen zügigen Höhengewinn, bei Motorausfall schwindet die Fahrt aber so schnell, dass die Reaktionszeit auf wenige Augenblicke zusammenschrumpft.

Für den Piloten einer Rans S-12 Airaile kommt es aber noch schlimmer. An einem warmen Sommertag im August 2008 will der 44-Jährige auf dem sächsischen Sonderlandeplatz Torgau-Beilrode zu einem Flug in die nähere Umgebung starten. Mit insgesamt 55 Flugstunden auf aerodynamisch gesteuerten Ultraleichtflugzeugen, davon gerade mal 21 auf der Rans S-12, kann der UL-Pilot noch nicht auf viel Erfahrung zurückgreifen. Auch die Passagierflugberechtigung hat er erst vor wenigen Monaten erhalten. In seinem Flugbuch sind 35 Starts und Landungen mit der Rans S-12 eingetragen.

Die Wetterbedingungen lassen an diesem Tag kaum zu wünschen übrig: CAVOK mit 40 Kilometer Sicht am Boden. Das Thermometer zeigt moderate 23 Grad Celsius an, bei einem Luftdruck von 1021 Hektopascal – selbst für schwach motorisierte Maschinen also kein Grund zur Sorge. Die Piste liegt in Richtung 26/08. Der Wind bläst mit vier Knoten aus 90 Grad fast exakt auf die Bahn. Trotz der optimalen Voraussetzungen am Boden berichten Piloten aber von „unruhigen Flugbedingungen" in der Umgebung des Platzes.

Am späten Nachmittag startet der Rans-Pilot den Rotax 582 seines Hochdeckers und rollt zur Graspiste 26. Warum er die Startrichtung mit Rückenwind wählt, ist später nicht mehr eindeutig zu klären. Möglicherweise hatte der Wind wegen aufkommender Thermik gedreht. Folgenschwerer ist aber ein Fehler, der mit den äußeren Bedingungen nichts zu tun hat. Wie sich später zeigen wird, stehen am Anfang der nun folgenden Ereignisse eine fatale Nachlässigkeit beim Start des Triebwerks und eine unvollständige Checkliste.

Um 17:30 Uhr rollt der Pilot auf die Startbahn und beschleunigt. Nach 200 Metern hebt die Rans ab und steigt steil in den Himmel. Dann geht alles sehr schnell: In einer Höhe von 30 bis 40 Metern fällt plötzlich der Motor aus. Der Prop steht sofort. Dem Piloten gelingt es nicht, rechtzeitig die Nase zu senken und Fahrt aufzunehmen. Auch das Rettungssystem wird nicht ausgelöst. Die Maschine kippt über die rechte Tragfläche ab und kracht etwa 300 Meter hinter dem Ende der Piste in einem Längsneigungswinkel von zirka 80 Grad auf einem Acker auf. Dabei bohrt sich der Rumpf in den Boden, das Leitwerk ragt steil in den Himmel. Durch den Aufprall wird der Pilot so schwer verletzt, dass er noch an der Unfallstelle stirbt.

Eine technische Ursache für den Motorausfall können die Ermittler der Bundesstelle für Flugunfalluntersuchungen (BfU) bei der Begutachtung des Wracks schnell ausschließen: Triebwerk und Propeller des Pushers zeigen keine Schäden, am Kühlkreislauf ist kein Leck zu finden. Auch die Untersuchung von Zündkabeln und Kerzensteckern bleibt ohne Befund. Die Kurbelwelle lässt sich am Wrack noch drehen.

Ein Blick ins Cockpit offenbart dagegen den fatalen Pilotenfehler: Die Schaltung des Brandhahns steht noch in der Position „geschlossen". Im Vergaser lässt sich kein Kraftstoff mehr nachweisen, obwohl der Drosselklappenmechanismus einwandfrei funktioniert. Die BfU-Experten kommen deshalb zu dem Schluss, dass vor dem Start noch ein kleiner Rest Treibstoff im Vergaser gewesen sein muss, gerade genug für den Weg zur Piste, die Startstrecke und die ersten Sekunden des Steigflugs. Ein tödliches Timing. Bei weiteren Nachforschungen tritt ein Umstand zu Tage, der den Pilotenfehler nachvollziehbar macht: Auf der Checkliste fehlt der Hinweis, die Position des Brandhahns zu überprüfen.

Bleibt die Frage, warum die Rans derart schnell in einen überzogenen Flugzustand geriet. Hätte der Pilot nicht durch rasches Drücken wieder Fahrt aufnehmen können und damit zumindest den harten Aufschlag verhindern, wenn nicht sogar eine Notlandung einleiten können?

Aufschluss gibt das Betriebshandbuch der S-12. Darin ist zu lesen:

„Die S-12 Airaile ist ein Flugzeug mit Pusher-Konfiguration mit hochliegendem Schubstrahl. Daraus ergeben sich einige Besonderheiten, die bei anderen Flugzeugen nicht oder kaum auftreten: Wird bei der S-12 die Motorleistung erhöht, so hat sie die Tendenz, die Flugzeugnase zu senken. Dies kann durch leichtes Ziehen ausgeglichen werden. Diese Tendenz tritt besonders im Langsamflug auf. Daher sollte im Landeanflug auf ausreichend Geschwindigkeit geachtet werden, da sonst eine eventuelle Nickbewegung nach unten durch Erhöhung der Motorleistung unter Umständen nicht mehr rechtzeitig ausgeglichen werden kann. Wird andererseits die Motorleistung übermäßig stark reduziert, so

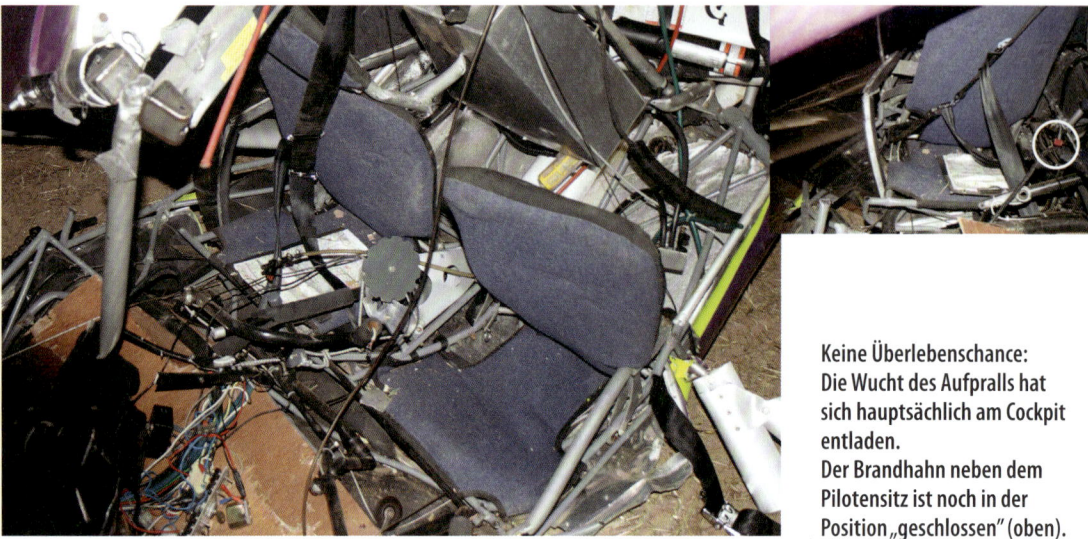

Keine Überlebenschance: Die Wucht des Aufpralls hat sich hauptsächlich am Cockpit entladen. Der Brandhahn neben dem Pilotensitz ist noch in der Position „geschlossen" (oben).

hat die S-12 die Tendenz, die Nase anzuheben. Dies kann durch leichtes Drücken ausgeglichen werden. Auch hier ist die einzig kritische Phase die Landung."

Dass auch im Steigflug bei abrupten Leistungsänderungen kritische Flugzustände durch die hoch liegende Schubachse enstehen können, ist im Betriebshandbuch nicht erwähnt. Über das wohl gefährlichste Szenario in diesem Zusammenhang, einen Motorausfall im Anfangssteigflug und entsprechende Notverfahren, findet man dort ebenfalls nichts.

Genau in diese Falle aber geriet der Rans-Pilot in Torgau-Beilrode: Schon der Motorausfall an sich brachte das UL in dieser Flugphase gefährlich nahe an den Stall. Durch schnelles Drücken wäre eine Notlandung aber vielleicht noch möglich gewesen. Verheerend wirkte dann jedoch der Nose-up-Effekt – verursacht durch den abrupten Leistungsabfall in Verbindung mit der erhöhten Schubachse. Die Folge: Für den Piloten ergab sich eine extrem kurze Reaktionszeit, möglicherweise geriet die Maschine sogar unmittelbar nach dem Motorausfall durch den vergrößerten Anstellwinkel in einen überzogenen Flugzustand. Die geringe Höhe machte ein Abfangen unmöglich. Wie häufig in solchen Fällen ist es die Verkettung unterschiedlichster Umstände, die am Ende in die Katastrophe führte: vom geschlossenen Brandhahn über den restlichen Sprit im Vergaser, der den Start erst möglich machte, bis hin zu der fatalen Nickbewegung durch die erhöhte Schubachse des Pushers in der kritischen Flugphase des Anfangssteigflugs.

Ein anderers Detail in der Chronologie des Geschehens ergänzt die Verkettung unglücklicher Umstände auf tragische Weise: Durch den relativ kurzen Weg zur Piste hatte der Rotax des Hochdeckers bis zum Start erst einen Teil des Treibstoffs verbrannt, der noch vom letzten Flug im Vergaser übrig war. An einem Platz mit größeren Rolldistanzen oder vielleicht längeren Wartezeiten am Rollhalt, beispielsweise wegen regen Schulungsbetriebs oder mehreren anfliegenden Maschinen, wäre der Sprit im Vergaser womöglich noch vor dem Start aufgebraucht gewesen. Der Pilot wäre dann mit dem Schrecken davon gekommen – und hätte den Brandhahn vor einem Flug nie wieder übersehen.

Samuel Pichlmaier

Auf Biegen und Brechen

Kontrollverlust im Tragschrauber Gyrocopter haben den Ruf, giftige Fluggeräte zu sein. Dabei reagieren sie in manchen Fluglagen sogar gutmütiger als viele Flächenflugzeuge. Trotzdem muss der Pilot seine Maschine beherrschen – und ihre Betriebsgrenzen kennen

Oft gehörte Sätze, wenn überzeugte Flächen-Piloten einen Tragschrauber inspizieren: „In so 'ne Kiste setz ich mich nicht mal mit Fallschirm rein, die Dinger fallen ja schon am Boden um!". Anlass zum Misstrauen gibt vielen schon die äußere Erscheinung eines Gyros: Im Vergleich zu den robusten E-Klasse-Maschinen sind die ultraleichten Drehflügler eher filigran gebaut. Die Nachrichten über Gyro-Unfälle tun ihr Übriges.

Wenn aber ein Pilot die Betriebsgrenzen seiner Maschine kennt und ernst nimmt, ist ein Gyrocopter ein sicheres Fluggerät. Besondere wichtig ist dafür zeifellos eine fundierte Ausbildung. Genau daran mangelte es offenbar einem Piloten, der im baden-württembergischen Thannhausen das Fliegen mit drehenden Flügeln lernte.

An einem klaren Novembertag im Jahr 2008 will der 56-Jährige an seinem Heimatplatz einige Starts und Landungen üben. Seinen Schein hat er erst vor wenigen Wochen erhalten, auch seine Maschine vom Typ MT03 ist noch fast fabrikneu: Die Stückprüfung wurde Ende März 2008 im AutoGyro-Werk in Hildesheim abgenommen, im Bordbuch sind erst zehn Betriebsstunden eingetragen.

Es ist ein sonniger Mittag mit optimalen Sichtflugbedingungen: sechs Knoten Wind aus Nordost, keine Wolken unter 5000 Fuß und mehr als zehn Kilometer Bodensicht. Um 14:15 Uhr Ortszeit rollt der Gyro zur Piste 26, wenig später ist er in der Luft. Hinter dem Pistenende wendet der Pilot und fliegt über der 500 Meter langen Grasbahn zurück nach Osten. Dort dreht er an der Schwelle in den Quer- und End-

Nicht überlebbar: Der Tragschrauber stürzte nahe dem Vorfeld, nördlich der Schwelle zur „26" fast senkrecht in den Boden.

anflug zur „26" ein. Dann setzt er kurz auf der Piste auf und beschleunigt erneut. Die Mutter des Piloten und andere Zeugen sitzen zu diesem Zeitpunkt vor dem Vereinsgebäude des örtlichen Aeroclubs. Einige von ihnen beobachten auch die Landeübungen des Tragschrauberpiloten.

Nach dem Touch-and-Go-Manöver fliegt der Gyro je eine weitere Schleife an den beiden Enden der Piste. An der Schwelle zur „08" dreht der Pilot dann ein letztes Mal um 180 Grad und fliegt wieder entlang der Graspiste nach Osten. Etwa auf Höhe der Flugplatzhallen stellt der Tragschrauber unvermittelt die Nase steil nach oben an und baut dabei deutlich Geschwindigkeit ab. Möglicherweise versucht der Pilot eine Steilkurve zu fliegen, um erneut in die Gegenrichtung zu drehen. Die GPS-Aufzeichnungen belegen einen Fahrtrückgang von 143 auf 27 Stundenkilometer.

Zeugen beobachten, wie das UL anschließend in rund 80 Metern über Grund um die Längsachse nach rechts rollt und in Rückenlage gerät. Dann geht alles sehr schnell: Die Nase neigt sich innerhalb weniger Augenblicke in Richtung Boden, kurz darauf schlägt der Tragschrauber nahe dem Vorfeld fast senkrecht auf und fängt Feuer. Die Mutter des Piloten gibt später an, sie habe einen Knall gehört und sei daraufhin in Richtung Flugfeld gelaufen. Der Gyro habe nach ihrer Erinnerung bereits in der Luft Feuer gefangen. Andere Zeugen berichten dagegen, erst nach dem Aufprall einen „stichflammenartigen Brand" beobachtet zu haben. Einige herbeigeeilte Helfer schaffen es, das Feuer innerhalb kurzer Zeit zu löschen. Für den Piloten aber kommt jede Hilfe zu spät. Durch die hohe Aufprallgeschwindigkeit und die extreme Fluglage hat der 56-Jährige keine Chance, er ist sofort tot. Bei den Ermittlungen, die im Folgenden eingeleitet werden, finden die Experten der Bundestelle für Flugunfalluntersuchungen (BfU) am Wrack des Tragschraubers keine Hinweise auf eine technische Ursache für den Unfall.

Dagegen zeigen sich zahlreiche Unklarheiten und Widersprüche bei den Nachweisen des Herstellers für die Musterzulassung und bei den Bauvorschriften für ultraleichte Tragschrauber (BUT). Die BfU beanstandet insbesondere widersprüchliche Angaben zu den Grenzen des Schwerpunktbereichs, den Flugeigenschaften, dem Überziehverhalten, der nicht ausfliegbaren Kraftstoffmenge, den Kraftstoffbehältern und der Spritanzeige im Panel. Zudem sind auch im Flughandbuch unklare Formulierungen und widersprüchliche Angaben zu finden, unter anderem bei den Farbmarkierungen am Fahrtmesser, den Grenzen und Toleranzen der Lastverteilung sowie bei den Angaben zum Verhalten des Tragschraubers bei extremen, erlaubten Steuerbewegungen um die Querachse und bei anderen Manövern. Klar ist: Solche Mängel bei den Nachweisen für eine Musterzulassung und im Betriebshandbuch stärken nicht gerade das Vertrauen in die Fluggeräte und ihre Hersteller.

Auf weitere, für den Unfall in Thannhausen vermutlich folgenreichere Mängel und Ungereimtheiten stoßen die BfU-Ermittler bei den Ausbildungsnachweisen des Piloten: Insgesamt hat er 90 Stunden in seinem Flugbuch eingetragen, nur zehn davon nach Erhalt der Lizenz. In der gesamten Ausbildungszeit und danach sind 700 Starts und Landungen verzeichnet, 73 nach der praktischen Prüfung. Das ist im Schnitt etwa alle acht Minuten eine Landung. Im Bericht der BfU heißt es dazu: „Der Ablauf der Ausbildung, die Anzahl der benötigten Ausbildungsstunden und die hohe Anzahl der durchgeführten Schullandungen waren auffällig und entsprachen nicht der Norm."

Löschschaum bedeckt das Wrack des völlig zerstörten MT03.

Besonders gravierend aber ist, dass der Flugschüler während seiner Ausbildung keinen einzigen Alleinflug gemacht zu haben scheint. Das jedenfalls sagt seine Ehefrau aus. Ein anderer ehemaliger Flugschüler, der ebenfalls in Thannhausen seine Ausbildung absolviert hat, berichtet von ähnlichen Erfahrung.

Die Richtlinien des Deutschen Ultraleichtflugverbandes (DULV) schreiben für die praktische Ausbildung auf ultraleichten Tragschraubern mindestens 30 Flugstunden vor, fünf davon müssen Alleinflüge sein. Den mutmaßlichen Verstoß gegen diese Ausbildungsrichtlinien konnte die Flugschule in Thannhausen auf Nachfrage der BfU nicht hinreichend erklären. Man gab dazu an, es müsse sich bei dem Versäumnis um fehlerhafte Eintragungen des Flugschülers im Ausbildungsnachweis handeln.

Doch damit nicht genug. Noch mysteriöser klingt der Ablauf der Prüfung: Aus den beim DULV eingereichten Unterlagen geht nicht hervor, dass der spätere Unglückspilot gleich zwei Mal beim praktischen Teil durchgefallen war, ebenso wenig, wann er die Prüfung letztlich bestanden haben soll. Auch die Theorieprüfung gibt Rätsel auf. Laut Nachweis hatte sie der Aspirant am 6. November 2007 bestanden. Der Theorieunterricht wurde dagegen erst am 27. Dezember 2007 als „abgeschlossen" abgezeichnet. Die Erklärung der Flugschule für diesen Widerspruch: Am 6. November seien lediglich die Fächer „Technik" und „Verhalten in besonderen Fällen" geprüft worden.

Noch mehr Verwirrung kommt mit einem dritten Datum ins Spiel: Die eigentliche Theorieprüfung, so die Flugschule, habe erst am 13. Februar 2008 stattgefunden. Das Prüfungsprotokoll ist jedoch verschollen. Die Flugschule hat dafür keine Erklärung.

Ob und in welchem Maß diese Versäumnisse und die offensichtlich schon während der Ausbildung sichtbaren Probleme des Piloten mit dem Unfall zusammenhängen, bleibt jedoch Spekulation.

Den Unfall führen die BfU-Ermittler „mit großer Wahrscheinlichkeit" auf einen Steuerfehler zurück. Der Pilot hatte die Maschine erst steil hochgezogen und dann den Knüppel gedrückt – im Tragschrauber ein Kardinalfehler: Durch die abrupte Nickbewegung wurde der Rotor plötzlich von oben angeströmt, ein so genannter „dynamic push over". Die Folge: Die Drehzahl brach zusammen, und der Gyro war nicht mehr kontrollierbar. Durch die Rollbewegung um die Längsachse kam er in Rückenlage und stürzte ab.

Ein weiteres Detail, auf das die BfU-Experten bei ihren Ermittlungen stießen, zeigt, dass der Gyro-Pilot von Thannhausen offenbar auch formale Aspekte, die es beim Fliegen zu berücksichtigen gilt, außer Acht gelassen hatte: Zwar war die Unfallmaschine mit einem Kennzeichen versehen, anscheinend war dem Halter aber entgangen, dass er außerdem auch noch eine Verkehrszulassung beantragen musste. An jenem Novembertag flog er illegal.

Samuel Pichlmaier

Aufprall mit 110 Knoten: Die Piper schlug in flachem Winkel und mit hoher Geschwindigkeit auf – charakteristisch für einen CFIT.

Beratungsresistent

VFR-Nachtflug in IMC Ein wichtiger Termin, ein fester Plan und ein Pilot, der keine Selbstzweifel kennt – das sind die Zutaten für jene Katastrophen, die nicht unter tragischen Umständen passieren. Sie werden geradezu erzwungen

Der Flugzeugführer wollte am Unfalltag zu einer Familienfeier" – gleich in den ersten Zeilen des Untersuchungsberichts 3X172-0/06 der Bundestelle für Flugunfalluntersuchung (BfU) ist das zu lesen. Und damit wird vielleicht schon mehr gesagt als in den folgenden acht Seiten, in denen die Experten das unglaubliche Geschehen, das sich am 13. Oktober 2006 nahe der Ortschaft Dolsenhain in Sachsen ereignete, nüchtern analysieren.

Es ist ein ungemütlicher Herbsttag, an dem der Pilot einer PA-28 einen Flug von Paderborn-Lippstadt ins thüringische Altenburg-Nobitz plant. Seine Flugvorbereitung ist gründlich: Um 16 Uhr erkundigt er sich telefonisch am Zielflugplatz über das aktuelle Wetter, dann gibt er einen Flugplan für einen Nachtflug nach VFR auf, Ausweichflughäfen sind Erfurt und Leipzig. Das Verblüffende: Obwohl er alle notwendigen Informationen einholt, scheint ihn deren Inhalt nicht sonderlich zu interessieren. Der Flugleiter und Beauftragte für die Luftaufsicht in Altenburg-Nobitz jedenfalls rät ihm von seinem Vorhaben ab. Die Wolkenuntergrenze über dem Zielflugplatz beträgt zu dieser Zeit nur 200 bis 300 Fuß, die Vorhersage für die Allgemeine Luftfahrt weist für den Bereich Nord auf Dunst und Hochnebelfelder hin, die nur eine „zögernde Tendenz zur Auflösung" zeigen. GAFOR stuft nahezu die gesamte Flugstrecke, die über den Gebieten 10, 36, 43, 24 und 25 verläuft, bis 21 Uhr UTC mit X-RAY ein. Auch die Gebietswettervorhersagen von GAMET geben für diesen Zeitraum Sichteinschränkungen und aufliegende Bewölkung im Bergland an. Der Piper-Pilot hat keine IFR-Berechtigung, die Maschine ist nicht für Instrumentenflug zugelassen.

Auch am Flugplatz Paderborn-Lippstadt halten Fliegerkameraden den Plan des 48-Jährigen für unmöglich und raten ihm mit Verweis auf die marginalen Sichtflugbedingungen, den Flug abzublasen. Vergeblich. Um 18:10 Uhr Ortszeit startet er und geht auf Kurs Süd-Südost. An Bord ist auch ein Passagier. Die geplante Flugzeit: 90 Minuten.

Um 18:48 Uhr nimmt der Pilot Kontakt mit München Radar auf und bekommt eine Freigabe für einen VFR-Nachtflug nach Altenburg in 4000 Fuß Höhe. Informationen über das Wetter am Zielflugplatz will er jetzt nicht mehr haben. Der 23-jährige Lotse – ein Auszubildender, der noch keine Berechtigung für den betreuten Kontrollsektor hat und unter Aufsicht eines Supervisors steht – weist ihn seinerseits nicht auf die für Sichtflug ungeeigneten Bedingungen am Zielflugplatz hin, obwohl er in einem Telefonat mit dem Flugleiter von Altenburg kurz zuvor darüber informiert wurde. Wie die BfU später feststellen wird, verlief dieses Gespräch „nicht hinreichend professionell" und seitens des Altenburger Flugleiters „überraschend emotional". Der Grund: Ein Flugplan für den VFR-Nachtflug ist in Altenburg nie eingegangen, dabei hätte der Flugberatungsdienst, eine Unterabteilung der Deutschen Flugsicherung (DFS), diesen nicht nur an die Bezirkskontrollstelle München, sondern auch an den Zielflugplatz Altenburg weiterleiten müssen.

Der dort diensthabende Flugleiter, der dem Piper-Piloten bereits mehr als drei Stunden zuvor von seinem Plan abgeraten hatte, ist über dessen offensichtliche Ignoranz und den nicht übermittelten Flugplan offenbar verärgert – und handelt jetzt seinerseits unprofessionell: Die Frage des jungen, unerfahrenen Lotsen, ob er die Wettersituation an den Piloten weitergeben solle, beantwortet er nicht eindeutig mit „ja", obwohl er später angibt, genau das von ihm erwartet zu haben.

Der Auszubildende gibt daraufhin lediglich das QNH von Altenburg-Nobitz über Funk an die Piper weiter. Zu diesem Zeitpunkt ist der Tiefdecker noch 27 Nautische Meilen und 18

Trümmerfeld: Bei Tag wird das Ausmaß der Zerstörung sichtbar, Wrackteile bedecken eine Fläche von 1400 Quadratmetern.

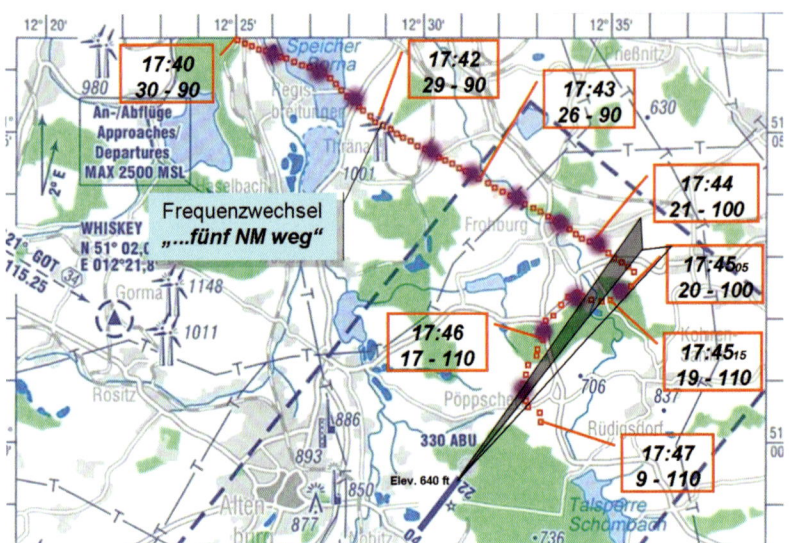

„Simulated ILS-Anflug": rot markiert die GPS-Daten der PA-28, violett die Radar-Aufzeichnungen, die graue Fläche zeigt den Kegel des Landekurssenders.

Minuten vom Zielflugplatz entfernt, er fliegt genau zwischen den Ausweichplätzen Leipzig und Erfurt. Die vermutlich letzte Chance, den Piloten doch noch von seinem Vorhaben abzubringen, bleibt damit ungenutzt.

Um 19:42 Uhr ruft die Piper München Radar und bittet darum, auf die Frequenz des Zielflugplatzes wechseln zu dürfen. Kurz darauf nimmt der Pilot Kontakt mit Altenburg Info auf. Der Flugleiter informiert ihn über die aktuelle Landerichtung, das Wetter mit Sichten von 2000 Metern und 400 Fuß Wolkenuntergrenzen sowie Temperatur und Taupunkt: Beide liegen bei elf Grad, das heißt, es besteht akute Gefahr von Dunst- und Nebelbildung.

Die Piper ist jetzt nur noch fünf Nautische Meilen von der Schwelle entfernt. Auf die Nachfrage des Flugleiters, ob die Informationen über das aktuelle Flugplatzwetter verstanden wurden, bestätigt der Pilot knapp und fragt, ob ein „Simulated ILS" möglich sei. Auch an dieser Stelle ist die Kommunikation des Flugleiters zumindest fragwürdig. Er antwortet wörtlich: „Das ist möglich". Im Untersuchungsbericht wird diese Aussage später als „auf die Funktionalität des Systems bezogen" verstanden. Der Piper-Pilot wird sie mit großer Wahrscheinlichkeit als Freigabe für einen ILS-Anflug verstanden haben. Eine solche Freigabe hätte der Flugleiter allerdings gar nicht geben dürfen; zu Protokoll gibt er später, dies auch nicht beabsichtigt zu haben.

Was jetzt folgt, ist der desaströse Abschluss eines von Beginn an zum Scheitern verurteilten Vorhabens: Der Pilot ist mit dem Anflug ohne ausreichend Sicht und ohne Instrumentenflug-Erfahrung völlig überfordert. Rechtwinklig zur Landerichtung und mit nur fünf Meilen Abstand zum Platz versucht er, den Landekurssender anzuschneiden. Aus diesem Manöver, so lassen Radar- und GPS-Aufzeichnungen vermuten, resultiert im Folgenden eine räumliche Desorientierung. In leichter Querlage schießt die Maschine aus den tiefliegenden Wolken heraus, kurze Zeit hält sie sich noch in einer Höhe von 15 bis 20 Metern über Grund, dann kracht der Tiefdecker aus einem leichten Kurvenflug heraus ungebremst in ein Feld. Die rechte Tragfläche und Teile des Cockpits werden dabei vom Rumpf abgerissen und gehen sofort in Flammen auf. Pilot und Passagier haben keine Chance, der Aufprall ist nicht überlebbar.

Das Haupttrümmerfeld bedeckt eine Fläche von 1400 Quadratmetern. Teile des Wracks sind vollständig ausgebrannt. Trotzdem können die Experten der BfU technisches Versagen als Unfallursache ausschließen. Volle Leistung, hohe Geschwindigkeit und der flache Winkel beim Aufschlag sind charakteristische Merkmale für einen so genannten CFIT (controlled flight into terrain). Auch eine Fehlfunktion der ILS-Sendeanlage von Altenburg-Nobitz schließen die Unfallermittler aus. Die Pistenbefeuerung, bestehend aus einer Nieder- und Hochleistungsbefeuerung sowie der Schwellen- und Präzisions-Gleitwegbefeuerung, war zum Zeitpunkt des Unglücks ebenfalls voll funktionsfähig und eingeschaltet.

Als Unfallursache nennen die Braunschweiger Experten in erster Linie eine „Anhäufung von Fehleinschätzungen und -entscheidungen". Unter dem Stichpunkt „human factors" sind explizit die Verhaltensweisen des Piloten zusammengefasst, die letzlich in die Katastrophe führten: Uneinsichtigkeit („Ich brauche niemanden, der mir sagt, was ich zu tun habe"), Impulsivität („Ich muss jetzt und schnell handeln") und Machismo („Ich zeig euch – ich schaff das").

Die Bezeichnung „Simulierter ILS-Anflug", so die Unfallermittler, existiere weder in den Regelwerken der Internationalen Zivilluftfahrt Organisation (ICAO), noch in nationalen Vorschriften. Dort ist nur von einem Übungsanflug unter Sichtflugbedingungen die Rede, der per Funk angemeldet werden kann – und selbstverständlich nur in VMC erlaubt ist. Von Sichtflugbedingungen kann zum Zeitpunkt des Unfalls in Altenburg-Nobitz allerdings keine Rede sein.

Festzuhalten bleibt, dass der Piper-Pilot allein verantwortlich ist für sein Handeln und die daraus folgenden Konsequenzen. Vielleicht aber hätte eine unmissverständliche Kommunikation zu einem andern Ausgang beitragen können. Nüchtern und mit großer Untertreibung bezeichnen die BfU-Ermittler seinen selbstgebastelten ILS-Anflug als „kein sinnvolles Manöver".

Samuel Pichlmaier

Ausgebrannt: Teile des Cockpits sind beim Aufschlag in Flammen aufgegangen. Pilot und Passagier waren sofort tot.

Trügerische Sicherheit

Notwasserung vor Grönland Überführungsflüge mit Kolben-Einmots von Nordamerika nach Europa sind risikant. Die angemessene Ausrüstung ist dabei eine unverzichtbare Lebensversicherung

Mit nur einem Triebwerk tausende Kilometer über den eisigen Nordatlantik fliegen – zu Hause, im Ohrensessel vor dem Kamin sitzend, läuft einem bei dieser Vorstellung ein wohliger Schauer über den Rücken: Das klingt nach Abenteuer und Pioniergeist.

Für Ferry-Piloten allerdings ist es keine Abenteuergeschichte, sondern Alltag. Das Risiko gehört zu ihrem Beruf, die Gefahr ist real. Anders als Privatpiloten müssen sie zu jeder

Cirrus SR20: Der moderne Kunststofftiefdecker wird regelmäßig von Nordamerika nach Europa überführt.

Unübersichtliches Terrain: Eisschollen und die zerklüftete Küste Grönlands machten die Suche nach der havarierten SR20 für die Rettungsmannschaften schwierig.

Überführungsroute von Goose Bay, Kanada, nach Reykjavik auf Island. Rechts der Ort der Notwasserung vor Grönland.

Jahreszeit oft unter großem Zeitdruck Flugzeuge überführen.

So geht es auch den Ferry-Piloten, die sich am Morgen des 2. Februar 2007 auf die Überführung von drei Cirrus SR20 vorbereiten. Sie wollen von Goose Bay in Neufundland, Kanada, Richtung Osten fliegen. Ihr Tagesziel ist die isländische Hauptstadt Reykjavik. Die Maschinen sollen an einen Kunden in Thailand ausgeliefert werden. Die erste Etappe führt rund 1350 Nautische Meilen über den Nordatlantik, fast zehn Stunden nonstop stehen den drei Piloten bevor, meist über offenem Meer. Auf halber Strecke liegt der Ausweichplatz für Reykjavik: Narssarssuaq an der Südwestküste Grönlands, etwa 680 Nautische Meilen von Goose Bay entfernt.

Die Wetterbedingungen sind an diesem Tag eher schlecht: Über der Davis Straight müssen die Piloten eine okkludierte Front durchfliegen, teilweise ist bis in FL 100 mit mäßiger Vereisung zu rechnen. Weiter östlich, zwischen Grönland und Island, führt der Kurs durch eine weitere okkludierte Front; mäßige Vereisung ist hier von FL 80 bis FL 150 vorhergesagt.

Bei zehn Grad unter Null starten die drei Tiefdecker um 14:05 Uhr UTC von Goose Bay und gehen auf Kurs. In FL 150 haben sie kurze Zeit später ihre Reiseflughöhe erreicht, hier liegen die Temperaturen bei bis zu 35 Grad unter Null.

Nach etwa drei Stunden beschließen die Piloten, wegen des schlechten Wetters in Reykjavik schon in Narssarssuaq zu landen. Auch an der Südspitze Grönlands sind die Bedingungen mit Untergrenzen von 3500 Fuß und leichten Schneeschauern ungemütlich. Eine gute halbe Stunde bevor der Cirrus-Verband die Küste

Notwasserung vor Grönland 85

Grönlands erreicht, meldet eine der Maschinen, die N901SR, einen schwankenden Öldruck. Zunächst gehen die Piloten, die sich per Funk austauschen, von einer fehlerhaften Anzeige aus, da die Öltemperatur im normalen Bereich bleibt. Auch der Continental IO-360-ES6 läuft einwandfrei. Dann gibt auch die Öltemperatur Anlass zur Sorge: Innerhalb kurzer Zeit steigt sie auf 220 Grad und fällt dann wieder auf normale 150 Grad. Daraufhin meldet der Pilot um 17:29 Uhr bei Sondrestrom Information, dass er möglicherweise eine Notlage wegen Triebwerksproblemen habe, die Öldruckanzeige sei im Moment aber wieder stabil. In Sondrestrom werden jetzt bereits Vorbereitungen für einen Rettungseinsatz getroffen. Um 17:40 Uhr gibt der Pilot dann aber Entwarnung: Es habe sich wohl tatsächlich um eine fehlerhafte Anzeige gehandelt.

Nur wenige Minuten später, um 17:49 Uhr, verschlechtert sich die Situation dramatisch: Die N901SR meldet jetzt doch eine Notlage. Die Piloten der anderen beiden SR20 geben von nun an ständig die Position ihres Kollegen an Sondrestrom Information durch. Das Triebwerk der N901SR dreht zu diesem Zeitpunkt anscheinend nur noch mit niedriger Leistung, sodass der Tiefdecker in den Sinkflug übergeht. Der Pilot meldet Öl auf der Frontscheibe; in 9000 Fuß taucht die Maschine in Wolken ein.

Dann überschlagen sich die Ereignisse: Um 17:50 Uhr, nur eine Minute nachdem bei Sondrestrom Information die Meldung der Notlage eingegangen ist, läuft im Rescue Coordination Centre offiziell der Rettungseinsatz an. Um 17:53 Uhr meldet die N901SR den vollständigen Ausfall des Antriebs, der Pilot bereitet sich auf eine Notwasserung vor. Er entscheidet sich dagegen, das Gesamtrettungssystem der SR20 auszulösen. In 800 Fuß stößt die Maschine aus den Wolken; der Pilot meldet, dass er die Küste Grönlands in Sicht habe. Etwa um 18:10 Uhr steigt in Qaqortoq, nur wenige Kilometer entfernt, ein Rettungshubschrauber vom Typ AS350 auf. Fast zur gleichen Zeit, um 18:11 Uhr, geht die N901SR im eisigen Nordatlantik nieder. Eine letzte Positionsmeldung erreicht Sondrestrom um 18:14 Uhr: 60 Grad, 38 Minuten Nord, 46 Grad, 41 Minuten West, nur fünf Nautische Meilen vor der Küste Grönlands. Die Piloten der anderen beiden SR20 haben die Maschine jedoch nicht mehr in Sicht.

Bis zu diesem Zeitpunkt stehen die Chancen des havarierten Piloten trotzdem vergleichsweise gut, noch mit dem Leben davonzukommen: Wie sich später zeigt, hat er die Maschine in aufrechter Lage aufs Wasser gebracht, die beiden Begleitflugzeuge haben bis zuletzt seine Position an Sondrestrom Information übermittelt, und auch ein Rettungshubschrauber ist bereits auf dem Weg zur Unfallstelle. Um 18:18 Uhr startet ein weiterer Helikopter von Narssarssuaq. Insgesamt vier Maschinen sind nun also in unmittelbarer Umgebung auf der Suche nach der Cirrus. Doch das Unglück nimmt eine fatale Wendung. Trotz der letzten Positionsmeldung können weder die Rettungskräfte noch die beiden anderen Cirrus-Piloten die verunglückte SR20 gleich nach der Notwasserung aus der Luft ausmachen. Vermutlich ist die Maschine im küstennahen Gewässer wegen zahlreicher Eisschollen nur schwer erkennbar. Der Pilot hat die Wasserung überlebt, kämpft jedoch schon bald mit starker Unterkühlung.

Fast eine Stunde vergeht, bis einer der Cirrus-Kollegen um 19:08 Uhr das Flugzeug entdeckt. Es schwimmt zu dieser Zeit noch vollständig sichtbar auf dem Wasser. Drei Minuten später wird auch der Pilot gesichtet: Er treibt mit dem Kopf nach unten im Wasser. Zu diesem Zeitpunkt ist er wahrscheinlich schon tot. Noch weitere 25 Minuten vergehen, bis einer der Rettungshubschrauber den leblosen Körper geborgen hat.

Die SR20 sinkt etwa drei Nautische Meilen vor der Küste Grönlands auf den Meeresgrund in rund siebzig Meter Tiefe. Die dänische Flugunfall-Untersuchungsbehörde, in deren Hoheitsgewässern die Maschine gewassert war, versucht die Cirrus im Januar 2008 zu bergen. Die Bemühungen bleiben jedoch erfolglos. Die Untersuchungen beschränken sich im Folgenden auf die Umstände und Hintergründe des Unglücks. Unter anderem stellen die Experten fest, dass die havarierte Maschine nicht mit einem so genannten Winterization Kit, einer Verengung der Kühlluftöffnung, ausgestattet war. Für Flüge bei Temperaturen unter minus 23 Grad ist diese Maßnahme vom Hersteller vorgeschrieben.

Außerdem wird im Cirrus Service Bulletin 2X-71-10 bei „extremely cold weather operations" dringend empfohlen, die Kurbelgehäuse-Entlüftung durch einen Isolationsschlauch vor der Kälte zu schützen und so deren Zufrieren vorzubeugen. Auch diese Sicherheitsanweisung, für einen winterlichen Flug über arktischen Gewässern zweifellos notwendig, wurde bei der Unfallmaschine nicht umgesetzt. Allerdings waren die anderen beiden Maschinen auch ohne diese Umrüstung sicher ans Ziel gekommen. Zwar kann eine blockierte Entlüftung zu massivem Ölverlust führen, doch ob die mangelhafte Ausrüstung tatsächlich Ursache des Triebwerksausfalls war, bleibt reine Spekulation.

Anders verhält es sich mit der Ausrüstung des Piloten selbst. Ein Einschicht-Rettungsanzug, wie der 49-Jährige ihn bei der Atlantiküberquerung trug, ist zwar relativ bequem, bot aber im zwei Grad kalten Wasser vor der Küste Grönlands wenig Schutz vor Unterkühlung.

Mangelhafter Kälteschutz: Der Einschicht-Rettungsanzug des verunglückten Piloten war für eine Notwasserung im Nordatlantik nicht geeignet.

Mit einem Isolationsanzug hätte er vermutlich mehrere Stunden, fast mit Sicherheit aber bis zum Eintreffen der Rettungsmannschaft überleben können. Ein solcher Rettungsanzug ist allerdings unbequemer und schränkt die Bewegungsfreiheit im Cockpit ein – bei einem mehrstündigen Flug nicht gerade eine angenehme Garderobe.

Auch die Notsenderausrüstung an Bord der Cirrus entsprach nicht dem höchstmöglichen Sicherheitsstandard. Die Maschine war noch mit einem ELT ausgerüstet, das nur auf 121,5 MHz sendet. Ein 406-MHz-Notsender, im besten Fall ein Personal Locator Beacon mit integriertem GPS, hätte die Rettungskräfte wahrscheinlich schneller und zielsicher zur Unfallstelle geführt.

Samuel Pichlmaier

Bild der Zerstörung: Kabine und Heckausleger des Hubschraubers sind hinter dem Cockpitdurchgang von der Pilotenkanzel abgerissen.

Im toten Winkel

Zusammenstoß an der Hangkante Sehen und gesehen werden – besonders bei VFR-Flügen in Platznähe ist beides überlebenswichtig. Wer sich darauf verlässt, dass die anderen alles im Blick haben, hat schon den ersten Schritt auf dem Weg in die Katastrophe getan

Wer nicht sieht, was um ihn herum los ist, hat bei VFR-Flügen schlechte Karten. Ein hindernisfreier Blick aus dem Cockpit gehört deshalb in modernen Flugzeugen zum Sicherheitsstandard. So ist die Rundumsicht im Heli-Cockpit fast schon sprichwörtlich. Auch Flächenflugzeuge bieten heute in der Regel ein großes Blickfeld. Aber selbst moderne Tiefdecker mit vollverglaster Cockpithaube und auch die Kanzel eines Drehflüglers haben ihre Achillesfersen. Dazu gehört das trügerische Gefühl des absoluten Durchblicks.

Es ist vielleicht dieses Gefühl, mit dem zwei Piloten an einem sonnigen Vorfrühlingstag im März 2007 ihre Maschinen startklar machen.

Am österreichischen Flugplatz Zell am See lässt der Pilot einer DV 20 Katana um 9.46 Uhr den Rotax 912 seiner Maschine warmlaufen. Der 49-Jährige will nach Lienz in Osttirol fliegen.

Etwa zur gleichen Zeit startet ein Heli-kopter des Typs AS 332 „Super Puma" von einem Heliport nahe Kaprun. Sein Ziel ist das oberbayerische Berchtesgaden. An Bord sitzen außer dem Piloten sechs Geschäftsleute.

Für den Vormittag sind in der Region sehr gute Sichten und nur wenige hohe Wolkenfelder vorhergesagt. Erst am Nachmittag wird von Westen eine Kaltfront und in den Abendstunden Regen erwartet. In den Kammlagen warnt der Wetterdienst vor Turbulenzen.

Die Unfallmuster: DV 20 Katana (links) und ASS 332 „Super Puma" (rechts), hier zwei baugleiche Maschinen.

Um 9:49 Uhr steht die Katana am Rollhalt der Piste 08, wenige Augenblicke später hebt sie ab. Der Hubschrauberpilot ist zu dieser Zeit bereits in der Luft und meldet der Flugbetriebsleitung in Zell am See seine Position und die Absicht, den Flugplatz in Richtung Norden zu überqueren. Der Flugleiter weist den 37-Jährigen auf die gerade startende Katana hin. Sonst gibt es zu dieser Zeit keinen Verkehr im Bereich des Platzes.

Kurz darauf meldet der Helikopter, die Katana im Querabflug in Sicht zu haben. Wenig später erreicht der Tiefdecker das Südufer des Zeller Sees und dreht nach links, um den Pflichtmeldepunkt November 2 zu überfliegen. Dort gibt der Pilot jedoch keine Positionsmeldung ab. Die Katana dreht anschließend nochmals nach links und folgt dann der Hangkante am Rand des Tals Richtung Südwest.

Der Helikopter überfliegt in diesem Moment im Horizontalflug mit etwa 120 Knoten den Zeller Ortsteil Bruckberg in Richtung Nord-Nordost. Die Piloten ahnen nicht, in welcher Gefahr sie sich befinden: Beide Maschinen sind jetzt unmittelbar auf Kollisionskurs, die Katana etwas unterhalb des Helis, aber noch immer im Steigflug. Vermutlich erst im letzten Moment erkennen die Piloten die jeweils andere Maschine, für ein Ausweichmanöver ist es jedoch zu spät. Um 9:53 Uhr krachen die DV 20 und der Hubschrauber etwa 850 Fuß oberhalb der Hangkante, südwestlich von Zell am See, ineinander.

Beide Maschinen werden beim Aufprall auseinandergerissen, dabei kommt es zu einer heftigen Explosion. Der gesamte vordere Rumpf des Tiefdeckers dringt in das Cockpit der Super Puma ein. Die Kabine des Hubschraubers wird samt Heckausleger hinter dem Cockpitdurchgang abgerissen. Alle sieben Insassen des Helikopters und der Pilot der Katana kommen bei dem Zusammenstoß ums Leben.

Die österreichische Flugunfalluntersuchungsstelle nimmt bereits kurz nach der Sicherung der Wracks die Ermittlungen auf. Die Arbeit der Experten wird von den zuständigen Justizbehörden zunächst massiv behindert. Unter anderem verweigert man den Ermittlern den Zugang zum Unfallort. Die Behinderungen erschweren und verzögern die Untersuchungen. Trotzdem können die Unfallermittler die entscheidenden Minuten vor dem Zusammenstoß und die Hintergründe der Katastrophe genau rekonstruieren. Zwei Faktoren zeichnen

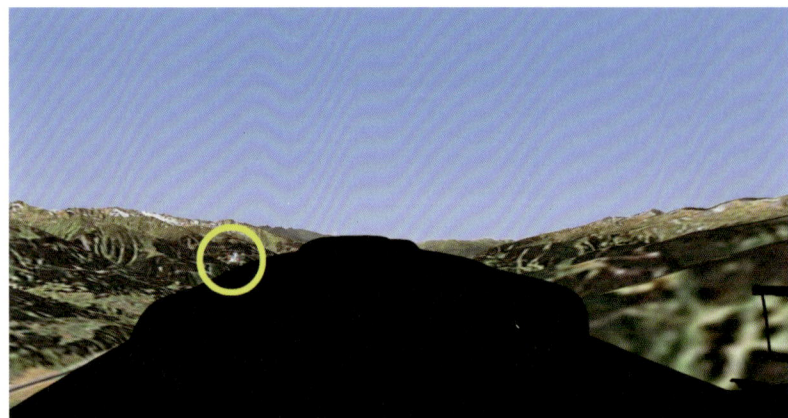

Am Rande des Blickfelds: Aus dem Katana-Cockpit (links) ist der Hubschrauber nach einer Rekonstruktion der Unfallexperten kaum zu erkennen, zeitweise wird er durch das Panel verdeckt.

In der Heli-Kanzel (unten) behindert der Türrahmen die Sicht auf den Tiefdecker.

sich dabei als wesentlich für den Ablauf des Unglücks ab: mangelhafte Kommunikation und schwierige Sichtverhältnisse.

Bei Letzterem kommen gleich mehrere Schwachstellen zusammen: Trotz der eigentlich hervorragenden Sicht sowohl aus der Kanzel des Hubschraubers als auch durch die vollverglaste Cockpithaube der DV 20 offenbart die Rekonstruktion des Geschehens, dass die visuelle Wahrnehmung vor dem Zusammenstoß für beide Piloten deutlich eingeschränkt war. Die Maschinen bewegten sich in derart unglücklichen Flugbahnen aufeinander zu, dass sie für den jeweils anderen entweder nur am Rande seines Blickfelds auftauchten oder sogar durch das Panel beziehungsweise durch Rahmenteile der Helikopter-Kanzel verdeckt waren (siehe Grafik oben). Beide flogen gewissermaßen im toten Winkel des anderen. Das im Türfenster des Hubschraubers reflektierende Sonnenlicht dürfte die Sicht des Heli-Piloten zusätzlich eingeschränkt haben.

Außerdem zeigten mehrere Versuchsflüge ein erstaunliches Phänomen: Piloten, die am Rand des Tals unterwegs sind, neigen dazu, das ansteigende Gelänt zu fixieren. Die Probanden konnten den Blick dabei längere Zeit nicht von der Hangkante abwenden. Die Wahrnehmung anderer Reize wie zum Beispiel entgegenkommende Flugzeuge wurde deutlich reduziert. Erschwerend kommt hinzu, dass weder die Katana noch der Helikopter den Landescheinwerfer eingeschaltet hatte. Dadurch wären beide Maschinen wesentlich besser erkennbar gewesen. Darüber hinaus waren beide Luftfahrzeuge durch ihre vergleichsweise unauffällige Lackierung gegenüber dem Gelände nur schwer auszumachen.

Diese Verkettung unglücklicher Umstände hätten die Piloten durch eine klare Kommunikation vermutlich durchbrechen können. Allein das Bewusstsein dafür, durch Missverständnisse und durch den Verzicht auf Informationsaustausch in eine gefährliche Situation geraten zu können, fehlte offenbar. Wahrscheinlich hatte der Katana-Pilot die Funkmeldung des Hubschraubers und dessen Absicht, den Zeller Flugplatz in Richtung Norden zu kreuzen, nicht gehört. Seinerseits gab er beim Überflug des Pflichtmeldepunkts November 2 keine Positionsmeldung ab. Im Heli-Cockpit könnte das zu der irrtümlichen Annahme geführt haben, der Tiefdecker sei entsprechend dem Verfahren am Platz weiter östlich von November 2 unterwegs, um über den Pflichtmeldepunkt November 1 den Nahverkehrsbereich zu verlassen.

Auch die Verkehrsregeln am Zeller Flugplatz offenbaren eine gefährliche Schwachstelle: das An- und Abflugverfahren. Eine strikte Trennung sowohl des an- und abfliegenden als auch des kreuzenden Verkehrs hätte die Piloten wohl nicht so nahe zusammengebracht.

Auf ein weiteres Glied in der Kette unglücklicher Umstände stießen die Unfallexperten in den Dokumenten des Hubschrauberpiloten. Seine Flugplanung basierte vermutlich auf einer Anflugkarte von Zell am See, in der eine festgelegte Platzrundenhöhe von 3500 Fuß eingetragen war. Laut AIP, die der Katana-Pilot für seine Planung verwendet hatte, gilt jedoch eine Mindestflughöhe von 3500 Fuß MSL – ohne Obergrenze. Während der Flächenpilot also über die 3500-Fuß-Marke gestiegen war, hatte sich der Pilot der Super Puma vermutlich in der trügerischen Sicherheit gewogen, oberhalb dieser Höhe keinen Platzrundenverkehr anzutreffen.

Samuel Pichlmaier

Unglücksort: Nach der Kollision (Kreis) werden die Haupttrümmerteile an vier Stellen geborgen: Tragflächen und Rumpfteile der DV 20 sowie die Heli-Kanzel (A), Steuerstangen und Streben (B), Hauptrotor, Triebwerke, Cockpitteile (C) und Heckausleger (D).

Seenot

Triebwerksausfall über dem Bodensee Motorausfälle haben oft die gleiche Ursache: kein Sprit in den Tanks. Aber selbst wenn der Pilot in Sachen Treibstoffmanagement alles richtig gemacht hat, kann die Luftschraube plötzlich still stehen – besonders bei Start und Landung eine lebensgefährliche Situation

Wer mit einem gut gewarteten Triebwerk und vollen Tanks in die Luft geht, braucht einen Motorausfall nicht zu fürchten – eigentlich. Doch obwohl Kolbentriebwerke tatsächlich als sehr zuverlässig gelten, heißt es vor jedem Start: Wo ist die nächste Wiese für eine Notlandung? Und diese Frage ist kein Relikt aus den Pionierzeiten der Luftfahrt. Der Albtraum, in 500 Fuß von einem stotternden und schließlich verstummenden Triebwerk überrascht zu werden, ist immer präsent. Wer darauf nicht vorbereitet ist, hat schlechte Karten.

Die Schweizer Pilotin einer AS 202/15 „Bravo" ist am 11. April 2009 perfekt vorbereitet. Sie will vom Flugplatz St. Gallen-Altenrhein aus zu einem Rundflug über den Bodensee starten. Die Wetterbedingungen sind optimal: rund 20 Kilometer Sicht, mäßiger Wind aus südlicher Richtung und 22 Grad Lufttemperatur. Beim Vorflug-Check inspiziert die 68-Jährige den Tiefdecker eingehend – ohne auf Unregelmäßigkeiten zu stoßen. Die Flächentanks sind fast voll, der Weg zur Tankstelle erübrigt sich also.

Bergung im Bodensee: Mit Luftkissen wird das Wrack der AS 202 „Bravo" aus dem etwa 90 Zentimeter tiefen Wasser gehoben und an Land transportiert.

Richtig reagiert: Die Pilotin der Bravo fliegt nach dem Motorausfall geradewegs auf den See hinaus. Eine Umkehrkurve hätte ihre Überlebenschancen deutlich verringert.

Wenig später rollt die Bravo zur Piste 28 und erhält über Funk von der Verkehrsleitstelle eine Startfreigabe. Am Rollhalt verläuft der Magnetcheck ohne auffälligen Ausschlag der Nadel des Drehzahlmessers.

Um 15:05 Uhr geht der Tiefdecker auf die Piste und beginnt mit dem Startlauf. Der Motor bringt wie gewohnt seine volle Leistung, nach kurzer Strecke hebt die Bravo ab. Noch bevor die Maschine das Ufer des Bodensees erreicht hat, etwa 30 Meter über Grund, fängt der Motor plötzlich an zu stottern. Dann setzt das Triebwerk ganz aus. Jetzt geht alles sehr schnell. Die Bravo neigt sich vornüber und rollt nach links weg. Der Sinkflug dauert nur wenige Sekunden. In leichter Schräglage schlägt der Tiefdecker auf der Wasseroberfläche auf. Dabei wird die Pilotin schwer verletzt. Ein Boot ist schnell an der Unfallstelle und bringt sie in Sicherheit.

Das Wrack der AS 202 liegt an einer seichten Stelle im ufernahen Bereich in nur 90 Zentimeter Tiefe. Cockpit, Rumpfrücken und Seitenleitwerk sowie eines der Propellerblätter ragen sogar über die Wasseroberfläche aus dem See hinaus. Beide Tanks sind noch intakt, das sensible Ökosystem am Seeufer bleibt von einer Verschmutzung verschont. Mit Luftkissen hebt die Bergungsmannschaft die havarierte Maschine aus dem Wasser und schleppt sie in einen nahe gelegenen Hafen. Nach der Bergung wird der Treibstoff aus den Tanks komplett abgepumpt.

Bei den folgenden Ermittlungen bereitet den Experten des schweizerischen Büros für Flugunfalluntersuchung (BfU) zunächst die Suche nach dem Grund für den Motorausfall Kopfzerbrechen. Da die abgepumpte Spritmenge in etwa der maximalen Tankkapazität der AS 202 entspricht, kommt die häufigste Ursache für Triebwerksaussetzter – Spritmangel – in diesem Fall nicht in Frage. Auch falsches Kraftstoffmanagament scheidet nach den ersten Untersuchungsergebnissen als Unglücksursache aus. Zwar lässt sich nicht mehr eindeutig nachvollziehen, auf welchen Tank die Pilotin vor dem Start gerastet hatte. Zum Zeitpunkt des Absturzes stand der Tankwahlschalter aber auf dem rechten Flächentank, in dem – wie auch im linken Tank – ausreichend Treibstoff vorhanden

 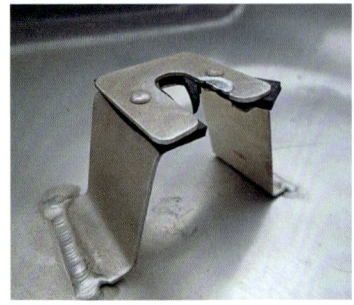 

Gefährliche Reibung: Die Halterung des Saugrohrs im linken Flächentank der AS 202 hat sich bis fast zur Mitte der Benzinleitung durchgescheuert. Der Spritdurchfluss ist dadurch erheblich reduziert, sodass der Motor nicht mehr ausreichend mit Treibstoff versorgt wird.

war. Auch die elektrische Benzinpumpe hatte die Pilotin für Start und Steigflug vorschriftsmäßig eingeschaltet.

Die Unfallermittler bauen im weiteren Verlauf der Untersuchung das Triebwerk der AS 202, ein Lycoming O-320-E2A, aus dem Wrack aus und unterziehen es umfassenden Leistungstests. Das Ergebnis: „keine maßgebenden Abweichungen vom Normalzustand." Daraufhin nehmen sie sämtliche Aggregate des Vierzylinders unter die Lupe, unter anderem Vergaser, elektrische Benzinpume, Treibstoffleitungen und Tankwahlschalter. Aber auch hier sind keine Mängel nachweisbar. Schließlich kommen die BfU-Experten dem Teufel im Detail auf die Spur: Im linken Tank entdecken sie einen Defekt am Saugrohr, über das der Treibstoff in den Vergaser gepumpt wird. Die mit einem Grobfilter versehene Benzinleitung ist im Tank durch eine Halterung fixiert. Eine Gummiblende soll verhindern, dass sich Saugrohr und Halterung zu nahe kommen. Genau das aber ist offenbar bei der verunglückten AS 202 passiert: Die Halterung hat das Saugrohr fast bis zur Mitte durchgescheuert. Teile der Vorrichtung hatten zusammen mit der Gummiblende die Treibstoffleitung zum Motor abgedeckt und den Spritdurchfluss erheblich reduziert, sodass die Versorgung des Motors mit Benzin nicht mehr gewährleistet war, so der BfU-Bericht. Auch im rechten Flächentank fanden sich ähnliche Scheuerspuren am Saugrohr, die Wand der Treibstoffleitung war hier jedoch noch intakt.

Die Tatsache, dass zum Zeitpunkt des Aufpralls der rechte Flächentank gerastet war, jedoch später am Ansaugrohr im linken Tank schwerwiegendere Beschädigungen festgestellt wurden, lässt nach Ansicht der BfU-Ermittler darauf schließen, dass die Pilotin nach dem Motorausfall den Tankwahlschalter umgelegt haben muss. Zusammen mit der eingeschalteten Benzinpumpe, so die Schweizer Experten, sei damit die Voraussetzung gegeben gewesen, den Motor wieder in Gang zu setzen. Die geringe Flughöhe von nur 30 Metern über Grund habe dafür aber nicht gereicht.

Mit der Entscheidung für eine Notwasserung hatte die Pilotin deshalb zweifellos die besten Überlebenschancen. Auch ihre Flugerfahrung auf dem Unfallmuster kam ihr wohl zugute: Sie entschied sich gegen eine Umkehrkurve zurück zur Asphaltpiste von St. Gallen-Altenrhein und flog geradewegs auf den See hinaus. Der Tiefdecker hätte die Schwelle nach einem Umkehrmanöver vermutlich nicht mehr erreicht. Bei einem Absturz über Land wären die Überlebenschancen deutlich geringer gewesen.

Samuel Pichlmaier

Keine Zeit, keine Sicht, keine Chance

Geländekollision im Schneetreiben Flugplanung unter Zeitdruck – das fängt schon mal nicht gut an. Noch größere Gefahr droht, wenn das Wetter nicht mitspielt. Dann sollte es einen Plan B geben

Pünktlichkeit ist eine feine Sache. Beim Fliegen allerdings muss sie hinten anstehen. Sicherheit geht vor. Die ist nicht nur bei der Planung maßgeblich, sondern auch bei der Flugdurchführung. Selbst im Linienverkehr müssen sich viele Passagiere mit Verspätungen arrangieren.

Unvorhersehbare Verzögerungen scheint der Pilot einer Piper PA 18-180 Super Cub am 23. März 2007 im niederösterreichischen Krems Gneixendorf nicht zu erwarten. Sein Plan ist knapp kalkuliert: Er will den Spornrad-Klassiker, der zur jährlichen Nachprüfung nach Gneixendorf gebracht wurde, noch am Abend zurück nach Wiener Neustadt bringen. Die Landung soll unmittelbar vor Sunset sein, für 17:43 Uhr ist ECET (End of Civil Evening Twilight) vorhergesagt. Nur etwas über eine halbe Stunde vorher, um 17:11 Uhr hebt der Hochdecker von der Piste 29 in Krems Gneixendorf ab und nimmt Kurs Ost-Südost.

Das Wetter am Startplatz ist zu dieser Zeit für einen Sichtflug zwar noch ausreichend, auf der Strecke und am Ziel sind jedoch zunehmend schlechter werdende Bedingungen vorhergesagt. Eine mündliche oder persönliche Wetterberatung holt der Pilot nicht ein, wie die Aufzeichnungen von Austro Control belegen. Ob der 44-Jährige vor dem Flug über das Internet oder per Teletext Wetterinformationen abfragt, ist unklar.

Nach wenigen Minuten dreht die Piper auf Kurs Süd-Südost. Bei der Ortschaft Traismauer führt die Route weiter Richtung Neulengbach,

Ausgebrannt: Wrack der PA 18-180 Super Cub im dichten Schneetreiben kurz nach dem Absturz.

Flug in die Dämmerung: Die Route der PA 18 führt nach dem Start in Richtung Süd-Südost. Kurz vor dem Absturz folgt der Pilot in niedriger Höhe der Autobahn A21.

ab hier folgt der Pilot der Bundesstraße 333 nach Süden zur Westautobahn A1. Die Radarerfassung der Maschine setzt hier für einige Minuten aus, erst bei Steinhäusl wird der Flugweg in einer Höhe von nur 100 Metern über Grund wieder aufgezeichnet. Das Wetter hat sich in der Zwischenzeit dramatisch verschlechtert, sodass der Pilot nur noch im Tiefflug weiterkommt. Schneetreiben und tiefe Untergrenzen mit zum Teil aufliegender Bewölkung auf den Höhenzügen des Wiener Walds behindern die Sicht erheblich. Die PA 18 folgt nun der Außenringautobahn A21 südwestlich von Wien über Gschaid in Richtung Abfahrt Hochstrass. Der Taildragger sinkt jetzt noch weiter, teilweise bis auf 30 Meter über Grund. Das Schneetreiben ist nach Zeugenaussagen inzwischen so heftig, dass man selbst am Boden nur 100 bis 200 Meter weit sehen kann. Zudem ist durch den starken Schneefall, die niedrige Wolkenuntergrenze und den schneebedeckten Untergrund der Horizont kaum noch zu erkennen. Darüber hinaus verschlechtert die fortgeschrittene Dämmerung die Sicht. Unter diesen marginalen Bedingungen hangelt sich der Pilot mit eingeschaltetem Landescheinwerfer weiter südwärts. Über der Autobahnabfahrt Hochstrass dreht er dann in einer Linkskurve auf Nordwestkurs. Kurz darauf, um 17:28 Uhr, kracht die Super Cub in das leicht ansteigende Gelände südlich der Ortschaft Hochstrass. Die Maschine schlittert zwei Meter über den schneebedeckten Hang und überschlägt sich. Der Pilot hat keine Überlebenschance, das Flugzeug brennt vollständig aus.

Am Unfallort bietet sich ein Bild der Verwüstung: Das Wrack ist auf dem Rücken zum Liegen gekommen und erinnert an ein menschliches Gerippe. Die gesamte Bespannung wurde durch den Brand zerstört, Flügelrippen und Stahlrohrgerüst sind sichtbar. Der Rumpf ist unmittelbar hinter der Kabine gebrochen. An der Aufschlagstelle finden die Bergungskräfte Teile der Motorhaube und das linke Hauptfahrwerk. Auch das Cockpit ist weitgehend zerstört, aus dem stark beschädigten GPS-Gerät können keine Daten mehr ausgelesen werden.

Bei den Untersuchungen am Wrack finden die Experten der österreichischen Unfalluntersuchungsstelle keine Hinweise auf einen technischen Defekt, der den Absturz verursacht haben könnte. In den folgenden Ermittlungen konzentriert man sich daher auf Flugplanung und Wetter zur Zeit des Unfalls. Dabei wird schnell klar, dass der Pilot unter allen Umständen auf direktem Weg über den Wiener Wald zu seinem Ziel kommen wollte. Wegen des äußerst engen Zeitfensters vom Start bis Sunset war eine Ausweichroute durch die Kontrollzone des Flughafens Wien über wesentlich flacheres Gelände offenbar weder geplant noch machbar. Auch Umkehren schied aufgrund der einsetzenden Dämmerung bereits über dem Wiener Wald aus. Einen Alternativplan gab es offensichtlich nicht.

War der Pilot über die vorhergesagte Wetterentwicklung auf seiner Route informiert, so hätte er sie berücksichtigen müssen. Im Abschlussbericht der Unfalluntersuchungsbehörde heißt es dazu: „Die vorhergesagten Wetterbedingungen waren geringfügig besser als die aktuellen." Demnach war zumindest mit wetterbedingten Verzögerungen durch eine Änderung der Flugroute zu rechnen.

Für eine solche Planänderung aber hatte der Pilot wegen der fortschreitenden Dämmerung schlicht keine Zeit. Unter solchen Umständen war der VFR-Flug nach Wiener Neustadt weder ratsam noch vernünftig. Allerdings wäre die langsame Spornrad-Piper für eine Sicherheitslandung entlang der Flugstrecke auch in schwierigem Gelände vergleichsweise gut geeignet gewesen. Selbst die Absturzstelle hätte dafür ausreichend Platz geboten.

In Mitten der Wrackteile fanden die Feuerwehrleute bei Sicherung der Unfallstelle den noch aktivierten Notsender. Um 19:52 Uhr, keine drei Stunden nach dem Start, schalteten sie ihn ab.

Samuel Pichlmaier

Genug Platz: Blick auf die Absturzstelle am Tag nach dem Unglück. Eine Sicherheitslandung wäre für den Taildragger bei ausreichender Sicht durchaus möglich gewesen.

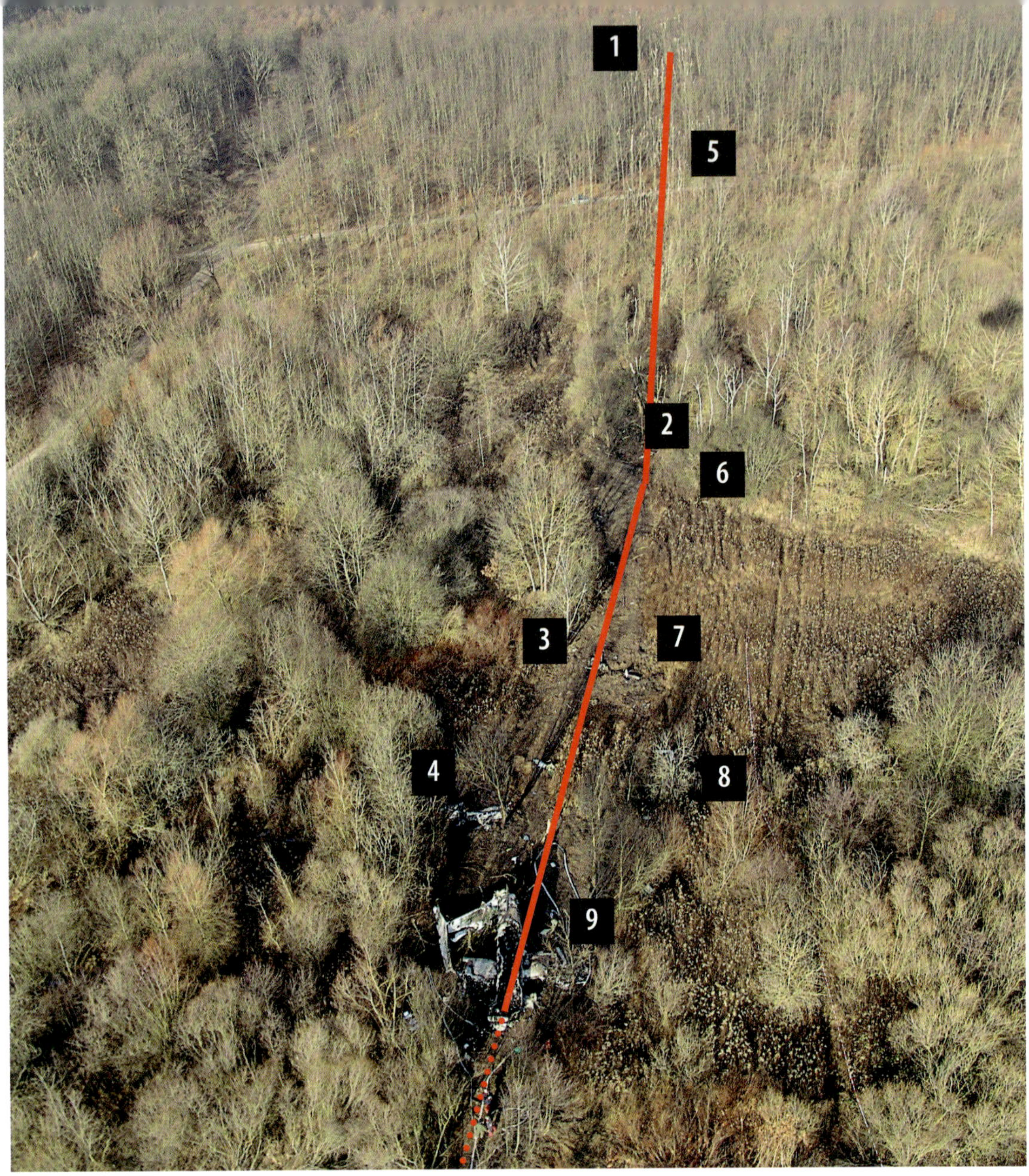

1 | Erste Baumberührung: 250 Meter vor dem endgültigen Stillstand berührt die King Air erstmals Bäume, 2 | Weitere Baumberührung nach dem Passieren der Straße, 3 und 4 | Tragflächen: Der linke und rechte Flügel werden komplett abgerissen, 5 | Rechtes Winglet: Die Flügelspitze wird schon früh abgetrennt, 6 | Landeklappen-Teil, 7 | Linker Propeller, 8 | Querruder-Teil, 9 | Rumpf: Kaum noch erkennbar ist der Rumpf mit der Kabine.

Teamarbeit mangelhaft

VFR-Nachtflug bei marginaler Sicht Ein Flugzeug mit IFR-Ausrüstung, zwei Profis im Cockpit und kein Zeitdruck: beste Voraussetzungen, um in kritischen Situationen angemessen zu reagieren – wenn die Crew als Team zusammenarbeitet

Teamwork: dazu gehört, dass einer auf den anderen aufpasst. Am 12. Januar 2006 funktioniert das in Freiburg im Breisgau leider nicht. Am Morgen hatte die Crew einer zweimotorigen Beechcraft King Air B300 ihren Umlauf am Flughafen Karlsruhe/Baden-Baden begonnen. Von dort wurden Passagiere nach Braunschweig gebracht. Am Nachmittag ging es zurück zum Baden-Airport, wo der Charterflug nach IFR um 17:19 Uhr Ortszeit landet – knapp eine halbe Stunde nach Sonnenuntergang. Ohne Passagiere und im VFR-Nachtflug will die Crew das Flugzeug nun nach Freiburg überführen. Für diese Strecke sind jedoch Wetterverhältnisse vorhergesagt, die keinen Sichtflug erlauben – schon gar nicht bei Nacht: Der GAFOR gibt für den Zeitraum von 16 bis 22 Uhr über dem Südschwarzwald „X-Ray" an. Auch die Gebietswettervorhersage GAMET der FIR Frankfurt weist für den Westteil eine geschlossene Wolkendecke mit Untergrenzen von 200 bis 500 Fuß über Grund aus.

Dennoch startet die Twin um 17:59 Uhr in Karlsruhe/Baden-Baden und nimmt Kurs auf Freiburg. Kurz erwähnt der Pilot den nahegelegenen Flughafen Lahr als Alternate; dort wäre ein ILS-Anflug möglich. Offenbar verwirft er den Gedanken aber wieder. In 3500 Fuß fliegt die Maschine mit aktiviertem Autopiloten den Platz in Freiburg an. In den folgenden Minuten gibt die Crew mehrfach Positionsmeldungen ab und erhält vom Flugleiter aktuelle Informa-

tionen über das Wetter in Freiburg. Als die Beech um 18:16 Uhr den Flugplatz erreicht, stellen die Piloten fest, dass keine Erdsicht vorhanden ist. Die Wolkenobergrenze liegt nach Einschätzung der Besatzung bei 3500 Fuß. Um 18:17 Uhr meldet der Flugleiter eine Bodensicht von 1500 Metern, die Wolkenuntergrenze sei für ihn aber nicht erkennbar.

Nach kurzer Diskussion entscheidet der 64 Jahre alte PIC, den Anflug nach VFR dennoch zu versuchen – mit den lapidaren Worten: „Ja, dann probieren wir's mal." Zur Vorbereitung passt die Crew die ins Flight Management System eingegebenen Wegpunkte dem Anflug an. In zwei 180-Grad-Kurven dreht die Beech dann auf das Final zur Piste 16 ein.

Um 18:22 Uhr fährt der Pilot das Fahrwerk aus und schaltet die Landeklappen in die Stellung „Approach", wenig später werden sie voll ausgefahren. Der Co-Pilot erhält nun vom PIC die Anweisung, den Sichtkontakt nach außen zu halten. Als die Beech die 1000-Fuß-Marke des Radiohöhenmessers passiert, hat der Co keine Bodensicht. Kurz darauf, beim Passieren der 500-Fuß-Marke, ertönt ein Warnsignal des Höhenmessers. Auch jetzt hat der Co-Pilot keine Bodensicht in Flugrichtung, lediglich aus dem Seitenfenster kann er die Landschaft erkennen. Bei der Warnung in 200 Fuß Höhe erkennt der 25-Jährige eine Straße, ist aber nicht sicher, welche Position die Maschine hat. Der Cockpit-Voice-Recorder dokumentiert die Orientierungslosigkeit: „Es ist vermutlich der Zubringer, ich kann es aber nicht sicher sagen."

Vielleicht hätte zu diesem Zeitpunkt ein Durchstartmanöver noch helfen können. Aber die Crew setzt den Anflug unbeirrt fort. Wenige Sekunden nach der 100-Fuß-Warnung brechen die Aufzeichnungen des Voice-Recorders ab. Um 18:26 Uhr kracht die Zweimot nach Bodenberührung etwa 450 Meter vor der Schwelle der „16" in ein kleines Waldstück. Beide Piloten kommen beim Aufschlag ums Leben.

Die Experten der Bundesstelle für Flugunfalluntersuchungen (BFU) schließen technische Mängel als Grund für den Unfall schnell aus und konzentrieren sich auf das Crew Resource Management (CRM), die Teamarbeit der Piloten. Eine Befragung unter den Kollegen der Crew ergibt: Der Kommandant wird fliegerisch als sehr qualifiziert und erfahren beschrieben, sein Stil jedoch als autoritär. Die Zusammenarbeit im Cockpit sei schwierig gewesen, auch wird von immer wieder auftretenden Auseinandersetzungen mit Flugleitern berichtet. Der Copilot wird als „durchschnittlich qualifiziert" bezeichnet. Er habe nicht dazu geneigt, Entscheidungen eines erfahrenen PIC „zu hinterfragen oder gar Kritik zu äußern", so die Einschätzung der Kollegen.

Im Untersuchungsbericht der BFU wird diese Konstellation als entscheidende Fehlleistung der Besatzung bewertet: „Die Anwendung dieser Verfahren (Crew Resource Management und Multi Crew Concept) hätte eine Bereitschaft zur Teamarbeit erfordert, die durch die Autorität und Handlungsweise des Kommandanten nicht vorhanden war. Eine gegenseitige Überwachung der Besatzungsmitglieder (…) hätte möglicherweise den Anflugversuch verhindert." Der erfolgte auf einen Platz ohne Instrumentenanflug – und wäre doch höchstens nach IFR möglich gewesen. Der Blick aus dem Cockpit hätte auch der Crew genügen müssen, um zu dieser Einschätzung zu kommen: Als die Rettungskräfte der Feuerwehr nur wenige Minuten nach dem Aufschlag der Beech das Wrack finden, können sie 300 bis 400 Meter weit sehen. Die Spitze der auf 24 Meter ausfahrbaren Drehleiter verschwindet in den Wolken.

Samuel Pichlmaier

Selbstzerleger

Auto-Kollision Viele Piloten reizt die hohe Komplexität von Hubschraubern.
Einem Selbstbauer werden die Tücken seines Helis zum Verhängnis

Flugmaschinen, die durch eine Unfallserie in die Schlagzeilen geraten, haben auf dem Markt ein naheliegendes Problem: Sie werden zu Ladenhütern. Einen niederländischen Hubschrauberpiloten schreckt das nicht ab, weder bei seinen unternehmerischen Ambitionen noch in Sachen Sicherheit. Dem 45-Jährigen hat es der Kolbenmotorgetriebene Selbstbau-Heli Exec 162F von Rotorway angetan. Über mehrere Jahre baut er sich in ungezählten Arbeitsstunden den Zweisitzer zusammen. Am 21. Februar 2007 erhält er schließlich von der niederländischen Luftfahrtbehörde das Lufttüchtigkeitszeugnis (Certificate of Airworthiness). Damit ist er aber noch nicht am Ziel seiner Pläne: Obwohl es mit den Mustern Exec 162 und Exec 90 schon mehrere schwere Unfälle gab, ist der Niederländer von der Konstruktion überzeugt und will sogar einen Vertriebsservice für den Leichthubschrauber aufbauen.

Keine Chance: Ohne Heckrotor ist der Kit-Helikopter nicht mehr steuerbar, nach dem Absturz auf ein Feld brennt die Maschine aus.

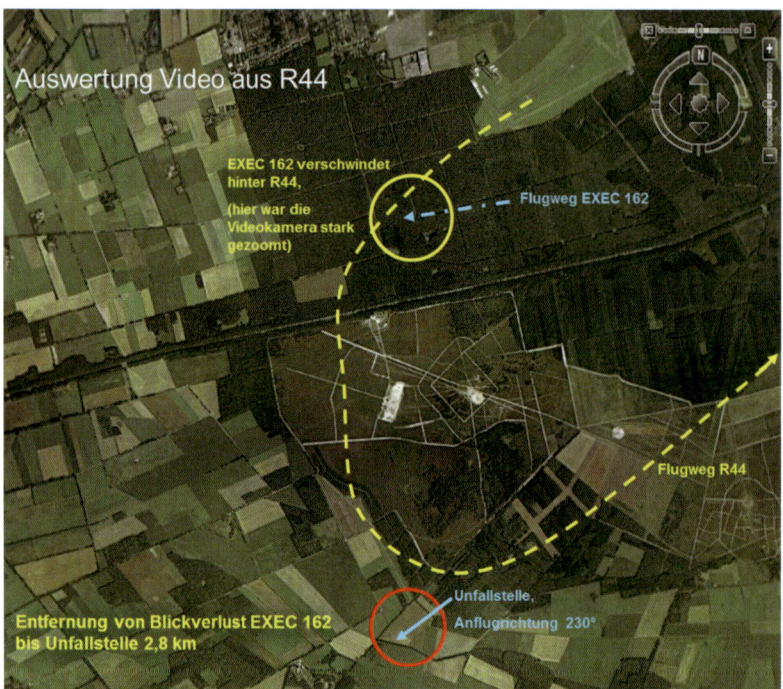

Kurzer Flug: Nur zwei Minuten nach dem Start verlieren die Begleiter den Piloten aus den Augen und kehren zum Flugplatz Nordhorn-Lingen zurück.

Dafür fliegt er am 16. November 2008 vom niederländischen Flugplatz Teuge nach Nordhorn-Lingen in Niedersachsen. Dort will er seinem ehemaligen Fluglehrer den Selbstbau-Heli vorführen. Bei einem gemeinsamen Formationsflug noch am selben Tag sollen dann zu Werbezwecken Luftaufnahmen gemacht werden. Um 12:44 Uhr startet die Heli-Formation in Nordhorn-Lingen, ein Robinson R44 und der Exec 162.

An Bord des viersitzigen Robinson sind außer dem erfahrenen Fluglehrer ein Schüler, der die Maschine steuert, und die Ehefrau des Exec-Piloten. Der Viersitzer fliegt voraus, hinter ihm folgt links versetzt der kleinere Exec, in dem nur der Selbstbauer sitzt. Die Formation verlässt die Platzrunde in südwestlicher Richtung und steigt auf eine Reiseflughöhe von 1000 Fuß über Grund. Die Maschinen fliegen in einem Abstand von 60 bis 100 Metern mit etwa 75 Knoten.

Notruf nach zwei Minuten

Über Funk schlägt der Fluglehrer dann einen Frequenzwechsel auf 123,45 MHz vor. Während der Fluglehrer im vorausfliegenden R44 die neue Frequenz rastet und die Frau des Exec-Piloten auf dem Rücksitz bereits mit dem Filmen des Helis begonnen hat, verschwindet dieser plötzlich aus dem Sichtfeld der Kamera. Der Fluglehrer sieht den Exec aus dem Augenwinkel in einen abrupten Steigflug übergehen und verliert schließlich den Blickkontakt. Der Versuch, den Piloten auf der neuen Frequenz zu erreichen, scheitert. Auch auf der Flugplatzfrequenz ist nichts von ihm zu hören. Schließlich dreht der Robinson in einer flachen Linkskurve ab und kehrt zum Platz zurück.

Ein Förster, der etwa zur selben Zeit in seinem Revier am Boden unterwegs ist, hört zwei metallische Knallgeräusche und sieht wenige Augenblicke später, wie der Exec in der Luft Teile verliert. Dann stürzt die Maschine mit stehendem Rotor nur etwa 100 Meter von ihm entfernt auf ein Feld. Um 12:46 Uhr, nur zwei Minuten nach dem Start der Heli-Formation, geht bei den Rettungskräften ein Notruf ein. Als die ersten Helfer an der Unglückstelle eintreffen, ist der Hubschrauber bereits vollständig ausgebrannt. Der Pilot hatte keine Chance, den Absturz zu überleben.

Bei den Untersuchungen bestätigt sich die Beobachtung des Försters: Der Heckausleger des Exec wurde im Flug vollständig von der Maschine abgerissen und liegt über 70 Meter vom Hauptwrack entfernt. Den Ermittlern der Bundesstelle für Flugunfalluntersuchungen (BFU) gelingt es durch ihre akribische Spurensuche an der Unfallstelle schon bald zu rekonstruieren, warum der Selbstbau-Heli bereits in der Luft auseinander gebrochen war. Ein orangefarbenes Stück der Rotorbeplankung und dazu passende Farbspuren an der abgetrennten Stelle des Heckauslegers sowie der durchtrennte Antriebsriemen des Heckrotors lassen nur einen Schluss zu: Der Hauptrotor muss sich im Flug so weit nach hinten geneigt haben, dass er in den Ausleger einschlug und das Heck abtrennte – die Maschine war nicht mehr steuerbar. Was aber war der Grund für diese extreme Neigung des Rotors?

Gefahr durch negative *g*

Dieses Problem tritt ausschließlich bei halbstarren Zweiblatt-Rotorsystemen wie dem des Exec 162F auf. In Großbritannien und den USA haben sich in den vergangenen Jahren mehrere ähnliche Unfälle ereignet. Einmal hatte sich ebenfalls ein Teil der Rotorbeplankung gelöst, in den anderen Fällen hatte man Steuerfehler der Piloten als Ursache vermutet. Auslöser können vor allem plötzliche negative Beschleunigungen sein. Aber auch andere abrupte Steuerimpulse oder das Überschreiten der Höchstgeschwindigkeit mit anschließendem Strömungsabriss am rücklaufenden Blatt können dazu führen, dass der Rotor ins Heck oder in die Kanzel der Maschine einschlägt. Als technische Ursachen kommen außer Schäden an den Rotorblättern der Verlust von Teilen ihrer Beplankung oder eines ganzen Rotorblatts in Frage. Auch ein loses Steuergestänge, Schäden am Rotormast oder starke Turbulenzen können den Rotor derart aus der Bahn bringen, dass er den Hubschrauber in der Luft zerlegt.

Die Vermutung, der Pilot könnte in Nordhorn-Lingen beim Rasten der neuen Frequenz durch das Umgreifen eine abrupte negative Beschleunigung ausgelöst haben, wurde von den BFU-Experten schnell wieder verworfen. Die Absturzstelle und die Position, wo der R44 die Frequenz 123,45 MHz gerastet hatte, liegen mehrere Kilometer auseinander.

Diese Distanz hätte der Heli mit abgerissenem Heck wohl kaum zurücklegen können. Dagegen scheinen die geringe Erfahrung des Piloten, der fliegerisch anspruchsvolle Exec 162F und die Eigenheiten des Zweiblattrotorsystems einen gefährlichen Mix ergeben zu haben. Der Selbstbauer hatte eine Gesamtflugerfahrung von gerade mal 54 Stunden; nur zwei Stunden davon war er nach Erhalt der Musterberechtigung für den Exec als verantwortlicher Pilot auf dem Muster geflogen.

Tragisches Detail: Die Zulassung des Exec galt lediglich für den Luftraum der Niederlande. Nach Nordhorn-Lingen hätte er gar nicht erst einfliegen dürfen.

Samuel Pichlmaier

Zu viel gewagt: Aus geringer Höhe ist das UL in einen Vorgarten gestürzt. Für den Piloten kommt jede Hilfe zu spät.

Unerlaubt und unvernünftig

Besuch bei Freunden Der Reiz ist groß – doch wer im Tiefflug irgendwo mal schnell vorbeischaut, geht ein hohes Risiko ein

Es ist das alte Lied von der „Verwandtenbesuchskurve", das immer wieder angestimmt wird. Und immer wieder schlägt die Melodie in Moll um, die letzte Strophe endet tragisch. Mit dem Flugzeug bei Freunden vorbeischauen und diese ordentlich beeindrucken – diese Idee hatte es auch einem brandenburgischen UL-Piloten angetan. Nach Berichten von Augenzeugen drehte er gerne ab und zu im Tiefflug über dem Haus eines Freundes seine Kreise – manchmal soll er sogar auf der Wiese neben dessen Grundstück gelandet sein. Eine ungewöhnliche (und illegale) Kontaktpflege, die offenbar nicht jedem im Ort gefiel. Manche Anwohner, so heißt es, machten ihrem Ärger mit wilden Drohungen Luft: „Beim nächsten Mal wird er abgeschossen", soll ein Nachbar in seiner Wut geschimpft haben.

Diese Drohung scheint den UL-Piloten nicht abgeschreckt zu haben; der 68-Jährige will auch am 5. April 2009 wieder in die Luft, um seinen Freund zu besuchen. Ziel: der kleine Ort Wüstemark südwestlich von Berlin. Für diesen Tag verspricht der Deutsche Wetterdienst (DWD) beste Sichtflugbedingungen: Wind mit sechs Knoten aus nordwestlicher Richtung, zwei Achtel Cumulus-Wolken mit Untergrenzen in 2600 Fuß über Grund und viel Sonne. Der Remos-Pilot startet nachmittags mit seiner GX von der 400 Meter langen Graspiste des Sonderlandeplatzes Locktow. Nach Verlassen der Platzrunde nimmt er Kurs auf den Weiler Wüstemark. Dort wird er gegen 16:44 Uhr beobachtet. Zeugen berichten, dass er die Ortschaft bereits in sehr geringer Höhe aus nördlicher Richtung ansteuert und dann in etwa 50 Meter über Grund das „Zielobjekt" am östlichen Rand der Siedlung umfliegt. Anschließend macht das Ultraleichtflugzeug einen Bogen um die Ortschaft herum, um an der westlichen Ortsgrenze in Richtung Osten zu drehen und noch weiter zu sinken.

Etwa zehn Meter über dem Boden passiert die Maschine die Dorfstraße, dann beschleunigt der Pilot und geht in einen steilen Steigflug mit nach rechts geneigter Flugbahn über. In knapp 50 Meter Höhe kippt die Maschine plötzlich nach rechts ab und stürzt senkrecht auf einen Feldweg, direkt neben das Grundstück des Freundes, den der UL-Flieger besuchen wollte. Der Pilot wird dabei tödlich verletzt.

Kontrollverlust in Bodennähe

Der Rumpf ist in Höhe des Cockpits völlig zerstört, das Bugradfahrwerk vom Rumpf abgerissen. Die Hauptfahrwerksschwinge ist ebenfalls aus dem Rumpf herausgebrochen. Spuren eines Holzpfostens, den die Maschine beim Aufprall vermutlich getroffen hat, finden sich an der Bruchstelle. Beim Auslesen des FLYdat, das die Motorbetriebsdaten erfasst und aufzeichnet, entdecken die Ermittler der Bundesstelle für Flugunfalluntersuchung (BFU) keine Hinweise auf einen technischen Defekt am Triebwerk, einem Rotax 912. Der Motor wurde beim Aufschlag tief in den Boden gedrückt, der Propeller ist vollständig zersplittert – ein Hinweis auf hohe Drehzahl zum Zeitpunkt des Aufpralls.

Am Wrack stellen die Unfallermittler außerdem fest, dass alle Steueranschlüsse noch intakt sind. Die Seitenruderseile zeigen keine Rissstellen, auch an den Pedalen ist kein Bruch feststellbar. Schäden und Deformierungen am Rudergestänge sind auf den heftigen Aufschlag zurückzuführen. Die Landeklappen sind in der Position „eingefahren". Offenbar hat das plötzliche Abschmieren den Piloten völlig überrascht: Das Rettungsgerät wurde nicht aktiviert. In so geringer Flughöhe hätte es ohnehin nicht mehr geholfen. Doch warum verlor der Pilot die Kontrolle über seine Maschine?

Eine Erklärung könnte die einseitige Flugerfahrung geben: Der 68-Jährige besaß seit 1993 einen Luftfahrerschein für Luftsportgeräteführer mit Passagierberechtigung. Nach Angaben des Flugzeughalters hatte er eine Gesamtflugerfahrung von rund 300 Stunden, einen großen Teil mit der Remos G3. Im Gegensatz zur GX, dem Unfallflugzeug, hat die G3 eine knapp 50 Zentimeter größere Spannweite und über einen Quadratmeter mehr Fläche. Dadurch ist auch ihr Verhalten im unteren Geschwindigkeitsbereich gutmütiger – und die Überziehgeschwindigkeit etwas niedriger.

Die GX dagegen gilt als agileres Flugzeug. Möglicherweise hatte der Unfallpilot das Flugverhalten der G3 bei wenig Fahrt so sehr verinnerlicht, dass er die Stallspeed der GX im Steigflug zu niedrig einschätzte und unterschritt. Durch die Querneigung des ULs nach rechts und die Beschleunigungskräfte beim Hochziehen könnte der Strömungsabriss noch beschleunigt worden sein. Ein Abfangen war in dieser geringen Höhe nicht mehr möglich.

Eine andere Vermutung, der die BFU-Experten mit großem Aufwand nachgehen mussten, stellte sich im Laufe der Untersuchung als haltlos heraus: Die Drohung eines wütenden Anwohners, den Tiefflieger beim nächsten Anflug auf den Ort abschießen zu wollen, war offenbar nur eine verbale Attacke. Drei Unfallermittler waren dennoch einen ganzen Tag lang damit beschäftigt, das Wrack nach Einschusslöchern zu untersuchen, um diese Möglichkeit auszuschließen – was sie dann auch tun konnten.

Samuel Pichlmaier

Zerschellt: Beim Aufschlag zerbricht der Eigenbau, zum Glück bricht kein Feuer aus. Der Pilot überlebt schwer verletzt, nach dem Unfall wird der Flugtag in Brilon abgebrochen.

Eine Drehung zu viel

Airshow-Unfall Eleganz, Ästhetik und Akrobatik ziehen bei Flugvorführungen alle Blicke auf den Piloten. Für den kann schon ein kleiner Fehler fatale Folgen haben

Zu einer perfekten Flugshow gehört eine perfekte Choreographie. Jede Drehung muss zum passenden Zeitpunkt in die passende Richtung gehen, jeder Trudelsturz in der richtigen Höhe ansetzen, jeder Stoß aus der Rauchanlage muss mit der Figur koordiniert sein. Die Abläufe müssen sitzen – sonst verpufft die Show wie ein nasser Chinakracher.

Auch auf dem Sonderlandeplatz Brilon-Hochsauerland soll am 31. Mai 2009 alles passen. Auf dem Programm stehen anspruchsvolle Kunstflugvorführungen. Zahlreiche Zuschauer sind gekommen, um den Tag auf dem Flugplatz zu verbringen. Am frühen Nachmittag wartet ein Doppeldecker am Rollhalt der 750 Meter langen Asphaltpiste 07 auf den Start. Es ist ein hierzulande seltener Amateurbau, eine einsitzige Super Acro Sport. Die Maschine ist in der Kategorie „beschränkte Sonderklasse" (Experimental) für Kunstflug zugelassen, ein 200 PS starkes Lycoming-IO-360-Triebwerk sorgt für die nötige Power.

Die Show ist schnell vorbei

Um 15.18 Uhr hebt die Maschine ab. Augenzeugen berichten später, dass der Akro-Doppeldecker auf etwa 500 bis 800 Meter steigt. Vor dem Start hat der Pilot sein Programm kurzfristig von 25 Minuten auf 15 Minuten gekürzt, da der Spritvorrat im Tank nicht für die ursprünglich geplante Dauer ausreicht. Später will der Pilot sein Programm dann nochmals in voller Länge zeigen. Der Kommentator kündigt die Vorführung nun per Lautsprecher an. Kurz darauf beginnt das erste Manöver: Aus dem Horizontalflug bringt der Pilot den Doppeldecker über dem Platz in einen Trudelsturz mit Drehung nach links. Er nähert sich dabei schnell dem Boden. In geringer Höhe wird das Trudeln für einen kurzen Moment unterbrochen. Dann jedoch kippt die Maschine erneut ab; der Pilot kann sie nun nicht mehr rechtzeitig abfangen, die Höhe reicht nicht mehr aus. Wenige Augenblicke später schlägt die Super Acro etwa 30 Meter nördlich der Piste mit einer Längsneigung von 40 Grad trudelnd mit dem Fahrwerk voran auf einem Feld auf. Der Pilot überlebt den Absturz mit schweren Verletzungen.

Die Trümmerteile sind in einem Umkreis von über 20 Metern verstreut. Ein Blatt des verstellbaren Holzpropellers ist unmittelbar an der Wurzel nach hinten abgebrochen, das zweite Propellerblatt ist 30 Zentimeter von der Nabe entfernt geborsten – ein Hinweis darauf, dass der Motor beim Aufprall noch lief. Die Ermittler der Bundesstelle für Flugunfalluntersuchung (BFU) stellen bei der Sicherung des Wracks außerdem fest, dass alle Verbindungen zwischen Steuerflächen, Leitwerk und Tragflächen intakt sind. Die Ruder lassen sich frei bewegen. Lediglich das Seil der Trimmung ist, vermutlich durch den Crash, abgerissen. Der Gashebel steht auf „Vollgas". Die BFU-Experten finden keinen Hinweis auf eine technische Störung. Weshalb die Maschine dennoch bis zur Kollision mit dem Boden weiter trudelte, ist unklar.

Pilot zeigt Charakterstärke

Der Pilot bringt Licht ins Dunkel der Ermittlungen. Trotz seiner schweren Verletzungen unterstützt er die BFU-Experten von Beginn an. Er gibt ohne umständliche Rechtfertigungen oder Erklärungsversuche zu Protokoll, dass er die Situation falsch eingeschätzt und dadurch den Unfall selbst verursacht habe. So viel Charakter zeigt nicht jeder nach einem solchen Unfall.

Er habe bemerkt, so der damals 40-Jährige, dass die Maschine nach der letzten geplanten Drehung beim Ausleiten des Trudelns in die falsche Richtung zeigen würde. Daher entschied er sich spontan, die Figur um eine dreiviertel Drehung zu verlängern, um in die gewünschte Richtung zu kommen. Der Fehler dabei: Da das erste Trudelmanöver noch nicht vollständig beendet war, geriet der Doppeldecker sofort wieder in einen Trudelzustand. Den konnte der Pilot jedoch erst nach zweieinhalb Drehungen wieder ausleiten. Die verbliebene Höhe reichte aber nicht mehr aus, um die Maschine noch rechtzeitig abzufangen und den Crash zu verhindern.

Auch im Gespräch mit der Redaktion gibt der Akro-Pilot offen und selbstkritisch Auskunft: „Das war ein saublöder Fehler, auf so eine Schnapsidee kommt sonst keiner." Obwohl er zum Zeitpunkt des Unfalls seit 20 Jahren eine Segelfluglizenz und seit 15 Jahren einen PPL-A mit Schlepp- und Kunstflugberechtigung besaß, führt er auch eine gewisse Unerfahrenheit mit diesem speziellen Manöver als Ursache an, dass er die Situation falsch eingeschätzt hat.

Eine starke Persönlichkeit brauchte der Ingenieur auch kurz nach dem Unfall, als er mit dem Hubschrauber in eine Spezialklinik nach Kassel geflogen wurde. Die erste Diagnose der Ärzte hätte schlimmer kaum sein können: Querschnittslähmung durch einen Trümmerbruch im Bereich der Lendenwirbelsäule. Doch zum Glück stellt sie sich letzten Endes als doch nicht zu hundert Prozent zutreffend heraus.

Dank disziplinierten Trainings und guter ärztlicher Hilfe kann der inzwischen 42-Jährige Familienvater heute sogar wieder laufen.

Samuel Pichlmaier

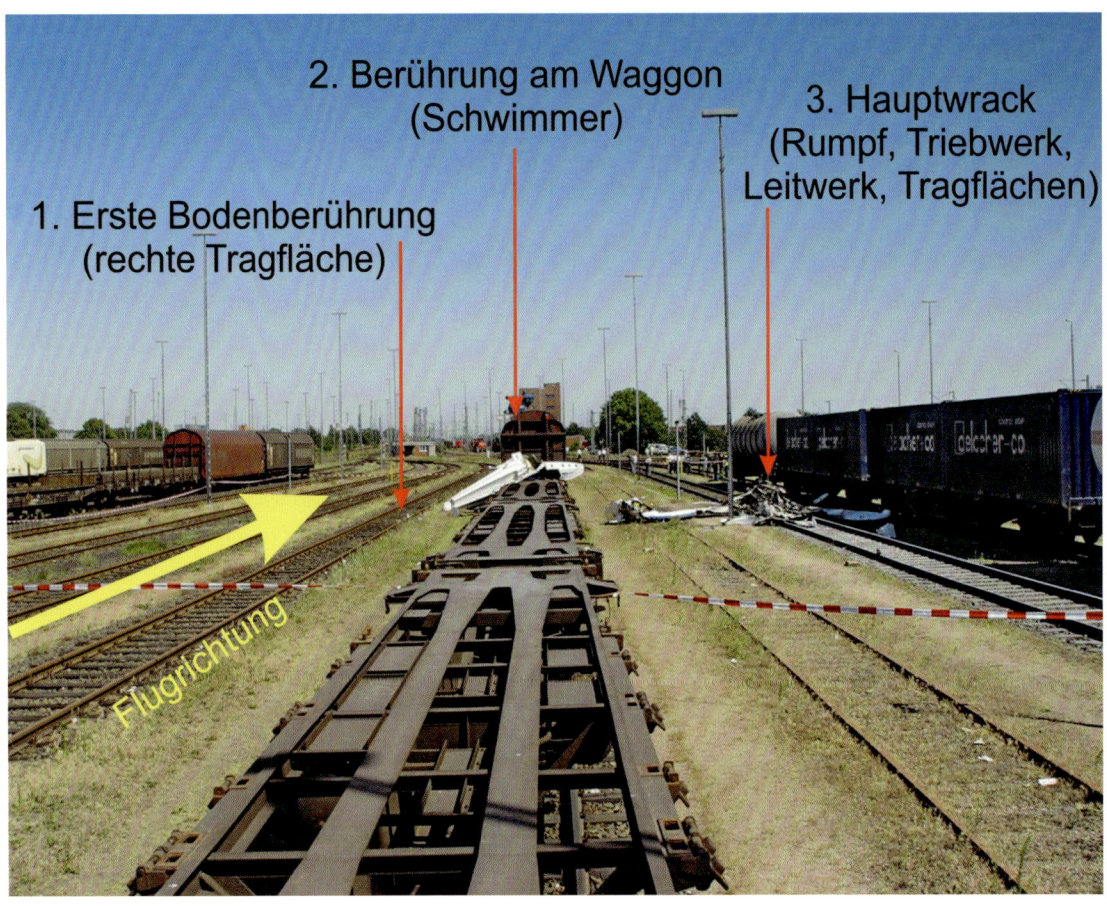

Chancelos: Eine Notlandung mit dem Wasserflugzeug war auf dem Güterbahnhof auch für den erfahrenen Berufspiloten nicht zu schaffen. (Beschriftung: BFU)

Endstation Güterbahnhof

Notlandung ohne Ausweg Viele Jahre gehörte der Hamburger Wasserflieger zum gewohnten Bild am Hafen und über der Stadt. Ein Benzinleck führte im Juli 2006 in die Katastrophe. Es war der Anfang vom Ende einer Ära

Ein bisschen Abenteuerflair im Hamburger Großstadtrevier – das konnte man seit 1993 mit einer DHC-2 Beaver erleben. Das wuchtige Wasserflugzeug, Baujahr 1962, fiel allein schon durch seine Präsenz am Anleger des Sportboothafens an der Elbe auf, mitten in der City. Im Flug sorgte der markante Klang des Sternmotors für einen akustischen Kontrapunkt zum gewohnten Stadtlärm. Zahlreiche Touristen, Familien und abenteuerlustige Hafenbesucher aus aller Welt gönnten sich diese einzigartige Stadtbesichtigung aus der Luft. Das Ende der Beaver kam im Sommer des Jahres 2006 ebenso unerwartet wie verheerend. Danach fand in Hamburg nur noch drei kurze Jahre Wasserflugbetrieb statt.

Am Morgen des 2. Juli warten im Yachthafen fünf Passagiere auf ihren Rundflug mit dem Hochdecker. Planmäßig kehrt die Maschine um 10:15 Uhr von ihrem ersten Rundflug an diesem Tag zurück, Mitarbeiter des Luftfahrtunternehmens weisen die Passagiere vor dem Einsteigen in die Notverfahren ein und verteilen die Schwimmwesten. Routine am Hamburger Wasserflugsteg.

Die Beaver verlässt ihren Anlegeplatz um 10:30 Uhr und schippert gemächlich zur Startstrecke auf der Norderelbe. Am westlichen Ende bringt der Pratt & Whitney-Sternmotor die Maschine in Fahrt, der Pilot beschleunigt in östliche Richtung und hebt ab. Nach kurzem Anfangssteigflug dreht das Wasserflugzeug vorschriftsmäßig in einer Rechtskurve Richtung Süden ab, um die Lärmschutzzone über der Innenstadt zu meiden. In kaum 400 Fuß beginnt plötzlich der Motor zu stottern und fällt aus. Ohne das Dröhnen des Neunzylinders geht die Maschine rasch in den Sinkflug über, der Pilot leitet sofort eine Linkskurve ein. Doch keine der zahlreichen Wasserflächen der Hansestadt ist ohne Hindernis erreichbar.

Dem 52-jährigen Berufspiloten bleibt nichts anderes übrig, als auf das riesige Areal des Güterbahnhofs südlich des Hafengeländes zuzuhalten. Doch das ist mit Hindernissen wie Laternenmasten und abgestellten Waggons gespickt.

Wenige Augenblicke später kracht die Maschine auf die Bahngleise. Beide Schwimmer werden vom Rumpf abgerissen und auf einen Güterwaggon geschleudert, der Rumpf überschlägt sich und kommt mit der Unterseite nach oben zum Liegen. Der Pilot und ein Passagier schaffen es, sich aus dem Wrack zu befreien. Schwerverletzt schleppen sie sich über die Gleise des Güterbahnhofs zu einer nahe gelegenen Straße. In diesen Sekunden steht das Wrack bereits in Flammen.

Fliegender Unimog: Die vielseitige Beaver (hier ein baugleiches Muster) gibt es auch mit Fahrwerk in den Schwimmern.

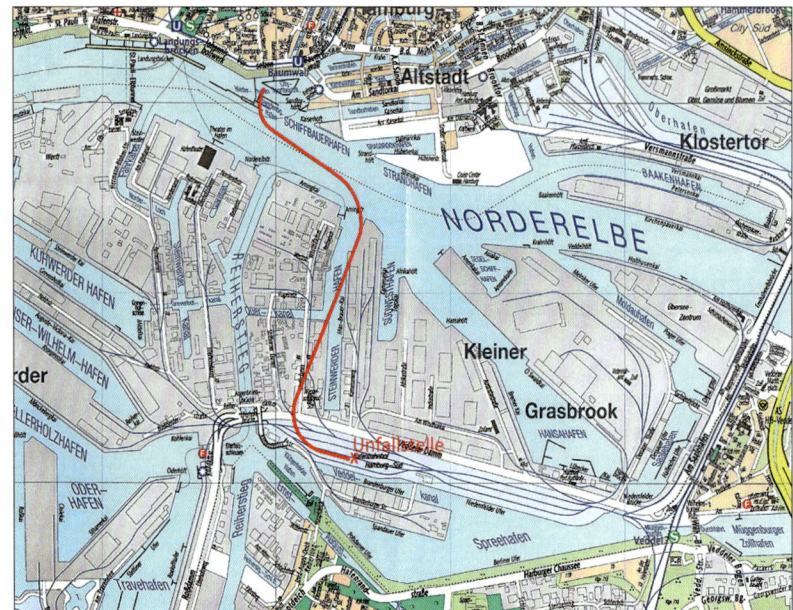

Ganz nach Vorschrift: Der Pilot folgt nach dem Defekt der festgelegten Notfallroute.

Die übrigen vier Passagiere, die sich nicht aus der Kabine befreien können, verbrennen. Auch der Pilot stirbt wenige Stunden nach dem Unfall im Krankenhaus. Der einzige Überlebende muss in einer Spezialklinik behandelt werden und kann sie erst nach Monaten und mit bleibenden gesundheitlichen Schäden verlassen.

Fünf Jahre später liegt der Untersuchungsbericht der Bundesstelle für Flugunfalluntersuchung (BFU) vor. Die Ermittler nehmen in dem fast 50 Seiten starken Papier jedes Detail genau unter die Lupe. Das Ergebnis ist besonders aus Pilotensicht tragisch: Der Flugzeugführer hatte alles richtig gemacht – und dabei doch nicht den Hauch einer Chance.

Die Ursache für den Motorausfall steht nach einer gründlichen Untersuchung fest: Ein Brand im Motorraum, ausgelöst durch auslaufenden Sprit an einem Leck zwischen Kraftstoffpumpe und Vergaser. Zwei Szenarien scheinen möglich: Die Schlauchleitung hat sich entweder am Verbindungsstück zum Vergaser gelöst – Ursache könnte ein zu kurzer Schlauch gewesen sein –, oder das Verbindungsstück zwischen Vergaser und Schlauchleitung war aufgrund von Materialschwäche oder einer zu stark angezogenen Verschraubung defekt. Wegen der enormen Brandschäden lässt sich nicht mehr zweifelsfrei feststellen, wodurch das Leck entstand.

Fehler im System

Entscheidend für den fatalen Ausgang der Notlandung ist allerdings etwas anderes. Als die BFU-Ermittler die Notfallverfahren untersuchen, die im Betriebshandbuch der Wasserflieger festgehalten sind, kommen sie zu dem Schluss, dass es für den Piloten in der beschriebenen Flugsituation und -höhe keinen anderen Notlandeplatz als das ungeeignete Gelände des Güterbahnhofs gab. Das Regelwerk JAR-OPS 1 deutsch, das auch dem Flugbetrieb der Hamburger Wasserflieger zugrunde lag, sieht jedoch vor, dass in der

Trümmerfeld: Das Wrack brennt aus, vier Passagiere können die Kabine nicht mehr verlassen.

Abflugstrecke Notlandefelder erreichbar sein müssen.

Theoretisch hätte es eine solche Route sogar geben können, nämlich in Abflugrichtung geradeaus, die über Wasser führt. Gegen diese Streckenführung hatte sich aber die Genehmigungsbehörde ausgesprochen, um die Anwohner vor Lärm zu schützen. Starben fünf Menschen, weil Lärmschutz wichtiger war als Sicherheit?

Die Braunschweiger Ermittler finden eine weitere Schwachstelle im System. In dem kleinen Hamburger Luftfahrtbetrieb war der Pilot gleichzeitig Verantwortlicher Betriebsleiter, Flugbetriebsleiter, Technischer Betriebsleiter, Leiter der Qualitätssicherung und Luftfahrzeugführer in einer Person: Eine gegenseitige Kontrolle der einzelnen Aufgabenbereiche, wie vom Regelwerk JAR-OPS 1 vorgesehen, war damit nur schwerlich vorhanden – wie auch? Die BFU schlussfolgert, „... dass für Kleinunternehmen der gewerblichen Luftfahrt die Vorgaben aus JAR-OPS 1 deutsch (heute EU-OPS) nicht ausreichend praxisgerecht sind." Und weiter: „Auch die Akzeptanz der Genehmigungsbehörden, wonach Kleinunternehmen die verschiedenen Verantwortlichkeiten und Funktionen in Personalunion besetzen können, löst das Problem nicht." Tappte der Pilot trotz seiner großen fliegerischen Erfahrung, speziell mit der achtsitzigen Beaver, damit letzten Endes in eine selbstgestellte Falle, indem er sich an behördliche Vorgaben hielt?

In ihren Sicherheitsempfehlungen weisen die BFU-Ermittler darauf hin, dass bei künftigen Genehmigungen für den Wasserflugbetrieb ein geeignetes Gelände für eine Notlandung ausgewiesen sein muss. Weiterhin sollte die genehmigende Behörde durch Kontrollen sicherstellen, dass im gewerblichen Betrieb nur noch Flugzeugmuster mit solchen Leistungsdaten zum Einsatz kommen, die den festgelegten Routen folgen können – auch im Notfall.

Samuel Pichlmaier

Absprung ins Ungewisse

Notlandung im Maisfeld Gewöhnlich verlassen Fallschirmspringer ihre Absetzmaschine in einer Höhe zwischen 9000 und 12 000 Fuß. Als kurz nach dem Start der Motor ausfällt, bleibt ihnen ein viel geringerer Spielraum

Ein Spruch besagt, dass es keinen vernünftigen Grund gibt, freiwillig aus einem funktionierenden Flugzeug zu springen. Fallschirmspringer können darüber nur lachen und erwidern: „Na und? Wir tun es trotzdem!" Der Adrenalinschub kurz vor dem Öffnen der Kabinentür und das Hochgefühl danach sind nur mit wenigen Dingen vergleichbar und machen viele Sportler schnell süchtig. Auch bei einem Absetzflug im nordrhein-westfälischen Rheine-Eschendorf bekommen Pilot und Passagiere reichlich ab vom Stresshormon und können mit viel Glück hinterher erleichtert aufatmen – doch aus einem ganz anderen Grund.

Ein Tandem-Team und drei Solospringer bereiten sich am Nachmittag des 29. August 2009 auf ihren Sprung aus einer Cessna U206

Unfallort: nachdem die Maschine noch 40 Meter durch den Mais gepflügt ist, kommt sie mitten im Feld zum Stehen.

G vor. Die METAR-Wetterstation des wenige Kilometer entfernten Platzes Rheine-Bentlage meldet Sichtflugbedingungen mit 20 Kilometern Sicht und 14 Knoten Windgeschwindigkeit. Um 16:40 Uhr rollt der Hochdecker auf die Piste 29 des Verkehrslandeplatzes Eschendorf und startet wenige Augenblicke später. Die Maschine steigt nach dem Start zunächst in südöstlicher Richtung, um rasch in die Absprungzone zu kommen. Nach etwa drei Minuten bemerkt der Pilot ungewöhnliche Geräusche aus dem Motorraum. Beim Kontrollblick auf die Abgastemperatur wird dem 64-Jährigen klar, dass mit dem Antrieb etwas faul ist: Der Zeiger steht etwa 100 Grad Celsius über dem üblichen Wert. Der Pilot handelt rasch: Er geht sofort in den Horizontalflug über und dreht zurück Richtung Flugplatz; die Maschine fliegt knapp unter 1400 Fuß. Wenige Sekunden später wird das Flugzeug plötzlich heftig durchgeschüttelt, aus dem Triebwerk steigen kurz Qualm und Flammen auf. Dann verstummt der Motor.

In dieser extrem Stresssituation behält der Pilot dennoch einen kühlen Kopf und informiert seine Passagiere darüber, dass er es nicht mehr bis zur Piste schaffen wird. Drei der Insassen springen daraufhin aus dem Flugzeug und vertrauen auf ihr Können und ihr Sportgerät; das Tandemsprungteam bleibt in der Kabine und hofft mit dem Mann am Steuer auf einen glücklichen Ausgang. Die Maschine segelt zu diesem Zeitpunkt in 1000 Fuß über dem Boden. Der Pilot meldet der Flugleitung in EDXE die Notlage und kündigt die bevorstehende Notlandung an.

Segelflug ins hohe Grün

Er steuert ein nahe gelegenes Maisfeld an und setzt die Klappen auf 10 Grad. Kurz bevor die Maschine das Feld erreicht hat, fährt er die

Kombi der Lüfte: Die Cessna Stationair (hier ein baugleiches Muster) hat Platz für sechs Personen.

Klappen voll aus, schaltet die Elektrik ab und schließt den Brandhahn. Die Cessna schwebt jetzt mit Mindestgeschwindigkeit über den bis zu 2,50 Meter hohen Maispflanzen. Mit etwa 40 Knoten Fahrt setzt der Pilot den tonnenschweren Hochdecker dann im überzogenen Flugzustand ins Grün, anschließend rauscht die Maschine noch 40 Meter durch den Mais. Für einen Moment geht der Sechssitzer auf die Nase, dann aber kippt er wieder zurück und kommt 1,2 Nautische Meilen östlich der Schwelle von Rheine-Eschendorf zum Liegen. Der Pilot und die beiden an Bord verbliebenen Passagiere haben großes Glück: Sie überleben den Crash unverletzt. Kurze Zeit später erfahren sie, dass die drei Springer ebenfalls ohne Verletzungen gelandet sind.

Mit Hilfe der Daten aus dem mobilen GPS-Empfänger der Cessna rekonstruieren die Ermittler der Bundestelle für Flugunfalluntersuchung (BFU) den Flugweg. Die Entscheidung des Piloten, eine Notlandefläche anzufliegen, wird bei der Auswertung der Daten als korrekte Schlussfolgerung bestätigt: Die Cessna hätte keine Chance gehabt, den Flugplatz noch zu erreichen. Dass die Wahl auf ein Maisfeld mit hohem Bewuchs fiel, hat vielleicht sogar Schlimmeres verhindert, denn die meterhohen Pflanzen konnten einiges von

Kein Dixi-Klo: Getreideähre und Motorteile in der Ölwanne der Cessna nach dem Crash (links). Kapital: Der Schaden am Conti ist beträchtlich (rechts).

der Energie beim Aufsetzen aufnehmen. Doch warum kam es zu dem Motorausfall?

Als die Experten der BFU das Triebwerk untersuchen, stellen sie an vier von sechs Zylindern erhebliche Schäden fest. An der Pleuelstange von Zylinder eins sind die Lagerschalen nicht mehr vorhanden, der Pleuel hat sich rotbraun verfärbt. Auch die Lagerschalen der Zylinder zwei und drei weisen deutliche Überhitzungsspuren und tiefe Verschleißrinnen auf. An Zylinder vier ist das obere Pleuelauge abgerissen. Offensichtlich wurde die Ölversorgung an den Pleuel- und Kurbelwellenlagern der Zylinder eins und zwei unterbrochen, so die Vermutung der Ermittler. Folge: Totalausfall des Triebwerks. Im Abschlussbericht heißt es dazu: „Aufgrund des Zerstörungsgrades der Lagerschalen einiger Pleuellager konnte nicht festgestellt werden, ob die (Störung der) Ölversorgung durch ein einmaliges Ereignis, wie zum Beispiel durch Verstopfung der Ölleitungen, hervorgerufen wurde." In der Kurbelwelle finden die Ermittler Ablagerungen von Ölschlamm und Teer, im Ölfiltergehäuse Metallspäne – und noch dazu eine vollgesogene Getreideähre in der Ölwanne. Wie diese aber dorthin gekommen ist, lässt sich nicht mehr rekonstruieren. Die Minderversorgung der Kurbelwellenlager wurde dem Bericht der BFU zufolge aber „mit großer Wahrscheinlichkeit" durch die Schlamm- und Teerablagerungen verursacht.

Frisch gewartet in den Unfall
Offen bleibt, ob der kritische Zustand des Motors bei der letzten 100-Stunden-Wartung, die nur drei Tage vor dem Unfall absolviert wurde, hätte auffallen können. Der Ölverbrauch der Cessna von 0,7 Liter pro Stunde war hoch, aber immer noch im zulässigen Bereich; zudem wurde der als mögliche Ursache in Frage kommende undichte Ölkühler bei der Wartung ausgetauscht. Bei der Zylinderkompressionsmessung des Continental IO-520-F lagen die Werte ebenfalls nah an der vom Hersteller festgelegten Grenze, über die hinaus ein Betrieb nicht zulässig ist, etwas Spielraum nach unten war aber noch vorhanden.

So war es wohl Glück im Unglück, dass die Passagiere als erfahrene Fallschirmspringer den Notabsprung ohne Probleme bewältigen konnten, dass der Pilot in der sehr kurzen Zeit bis zur Bruchlandung die richtigen Entscheidungen traf – und die passende Notlandefläche ganz in der Nähe war.

Samuel Pichlmaier

Schwierige Spurensuche: Der Eurofox ist so stark zerstört, dass die BFU nicht mehr feststellen kann, ob es einen Defekt am Auspuff gab.

Ohne Medical – ohne Bewusstsein

Absturz im Landeanflug Wer in die Luft will, sollte fit sein – doch nicht alle Piloten halten die regelmäßige Tauglichkeitsuntersuchung für sinnvoll. Dennoch können medizinische Probleme zu Unfällen führen

Die regelmäßig wiederkehrende Prozedur beim Fliegerarzt ist manchem Piloten lästig. Jeder Pkw-Fahrer darf schließlich mit 200 Sachen oder mehr über die Autobahn fegen, ohne dass jemand auch nur auf die Idee käme, nach seinem Belastungs-EKG zu fragen. Dagegen müssen sogar UL-Flieger immer ein fliegerärztliches Tauglichkeitszeugnis bei sich haben – selbst wenn sie nur in einem „Luftmoped" fernab der Großstädte zwischen einsam gelegenen Flugplätzen hin- und herschaukeln. Dass medizinische Probleme aber durchaus ernst zu nehmen sind, zeigt ein Unfall im baden-württembergischen Tannheim – ein Ort, der eigentlich für große, unbeschwerte Fliegerfeste bekannt ist.

Es ist der Nachmittag des 29. Mai 2011, an dem ein UL vom Typ Eurofox Richtung Piste 27 rollt. Der Pilot hat bereits mehrere Platzrunden mit seinem Fluglehrer gedreht und will nun allein starten. In der fünften Soloplatzrunde meldet der Eurofox routinemäßig den Queranflug, dann kurvt er in den Endanflug ein.

Obwohl der Hochdecker zu diesem Zeitpunkt das einzige Luftfahrzeug in der Platzrunde ist, dreht der Pilot kurz vor der Landung plötzlich in eine Rechtskurve. Nach

Auf weiter Flur: Unweit der Tannheimer Landebahn stürzt das UL in ein Feld. Die Retter sind schnell zur Stelle, doch für den Piloten kommt jede Hilfe zu spät.

zwei Vollkreisen in etwa 30 bis 50 Metern über dem Boden kippt die Maschine ohne erkennbaren Grund ab und kracht fast senkrecht in ein Feld nahe der Schwelle. Der Rumpf des Zweisitzers bleibt dabei im Boden stecken und wird stark gestaucht. Antrieb und Kabine sind kaum noch als das zu erkennen, was sie einmal waren. Der 66-jährige Pilot ist sofort tot.

Keine technischen Mängel

Für die Ermittler der Bundesstelle für Flugunfalluntersuchung (BFU) ist es einer dieser Fälle, bei denen viele Fragen offen bleiben, was zu Spekulationen anregt – an denen man sich tunlichst nicht beteiligt. Die Untersuchung, so der BFU-Bericht, habe keine Anzeichen für technische Mängel ergeben.

Sollten jemals Hinweise etwa auf einen defekten Motor existiert haben, so sind sie durch den enormen Zerstörungsgrad am Triebwerk und im vorderen Teil der Maschine vollständig vernichtet worden. Auch die Untersuchung des hinteren Rumpfsegments und des Hecks mit Seiten- und Höhenruder, die weitgehend intakt geblieben sind, ergibt keinen Hinweis auf ein technisches Versagen beispielsweise der Steuerflächen. Warum aber drehte der Pilot ohne ersichtlichen Grund wenige Sekunden vor der sicher scheinenden Landung zwei Vollkreise und stürzte dann senkrecht dem Boden entgegen? Hatte er wegen eines medizinischen Notfalls die Kontrolle verloren?

Ein auffälliger Befund an der Leiche des Piloten nährt zunächst solche Vermutungen:

Die chemisch-toxikologischen Untersuchung bei der Obduktion ergibt eine CO-Hämoglobinkonzentration von 15 Prozent – eine beginnende Kohlenmonoxidvergiftung, möglicherweise hervorgerufen durch giftige Abgase aus dem Motorraum. Zwar ist diese Menge nicht ausreichend, um den Piloten vollständig außer Gefecht zu setzen; erste Anzeichen einer Vergiftung dürften aber bereits zu spüren gewesen sein. Bei einer Konzentration von 50 Prozent führt die Vergiftung zum Atemstillstand. Bei einer Beeinträchtigung der Lungenfunktion oder des Herz-Kreislaufsystems hätte aber vermutlich schon eine geringere CO-Konzentration im Blut genügt, um einen medizinischen Notfall auszulösen. Tatsächlich ist das Einströmen von Kohlenmonoxid durch die Heizungsklappe bei vielen Flugmotoren eine Gefahr, da die Außenluft durch einen Wärmetauscher am Auspuff erhitzt wird. Wird der Auspuff undicht, kann Abgas in die Kabine dringen.

Vielseitig: Der Eurofox (hier ein baugleiches Muster mit Spornradfahrwerk) gilt als gutmütiger Allrounder.

Alle Spuren sind vernichtet

Die Unfallmaschine hatte einen Austauschmotor mit 234 Stunden Betriebszeit. Ob dessen Auspuff aber wirklich defekt oder fehlerhaft montiert war und ob dadurch tatsächlich Kohlenmonoxid ins Cockpit eingedrungen war – all das bleibt wegen der starken Zerstörung nach dem Absturz offen. Bei der BFU jedoch will man sich an die Fakten halten, und die liefern für ein solches Szenario keine eindeutigen Hinweise. Genauso offen bleibt damit auch die Frage, wie sich der Verstorbene die CO-Vergiftung eigentlich zugezogen hat. Ob es wirklich beim Flug im UL passiert ist? Oder bereits vorher und in einem ganz anderen Zusammenhang?

Für einen medizinischen Notfall finden sich jedenfalls nicht nur bei der Obduktion der Leiche Indizien: Offenbar hatte der 66-Jährige mit gesundheitlichen Problemen zu kämpfen, denn bereits zwei Jahre vor dem Unfall, am 3. Juli 2009, entzog ihm ein Fliegerarzt das Tauglichkeitszeugnis Klasse 2. Es war erst wenige Wochen vorher, am 20. Mai 2009, ausgestellt worden. Und ein halbes Jahr zuvor, im November 2008, hatte eine andere Untersuchungsstelle dem Piloten die Ausstellung eines Tauglichkeitszeugnisses gleich nach der Untersuchung verweigert. Demnach waren zwei Ärzte unabhängig voneinander bei dem Patienten zu einem auffälligen Befund gekommen – ab da hätten für ihn jegliche fliegerischen Aktivitäten tabu sein müssen.

An jenem 29. Mai riskierte er das Spiel mit seinem Leben trotzdem – und verlor. Es war vermutlich der einzige Tag, an dem der Pilot ohne gültiges Tauglichkeitszeugnis in die Luft gegangen war. Den letzten dokumentierten Flug davor hatte er am 13. Juni 2009 unternommen. Nur wenige Wochen später wurde ihm gesundheitsbedingt auch seine Lizenz als Luftsportgeräteführer entzogen.

Samuel Pichlmaier

Geduld gefragt

Vergaservereisung   Bei hoher Luftfeuchtigkeit sollten Piloten auf Probleme mit der Spritversorgung achten und rechtzeitig reagieren – nicht nur im Winter

Vergaservereisung – dieses Wort spukt immer wieder durch Fliegergespräche, und das vor allem in der kalten Jahreszeit, wenn die Natur am ehesten dazu neigt, dem Motor die Luft abzudrehen. Doch auch bei sommerlichen Temperaturen kann es bei sehr feuchter Luft zu Vergaservereisung kommen (siehe Grafik Seite 112). Ursache ist der Unterdruck, der im Vergaser entsteht und die Luft im Ansaugtrakt bis unter den Gefrierpunkt abkühlen kann. Schlägt sich dann das in der Luft enthaltene Wasser als Eis nieder, kann es den Ansaugtrakt verstopfen. Abhilfe bringt eine Vergaservorwärmung: Sie lenkt die angesaugte Luft vor Erreichen des Vergasers über den heißen Auspuff.

Am Morgen des 16. März 2011 scheint die kalte Jahreszeit auf dem nordfriesischen Flugplatz Leck schon in den letzten Zügen zu liegen, der Frühling ist nicht mehr fern. Der Pilot einer Robin DR 315 will an diesem Morgen nach Hamburg-Fuhlsbüttel fliegen. Zwar stuft der GAFOR das Gebiet 03 nur mit „Mike 2" ein: niedrige Wolkenuntergrenzen von 500 bis 1000 Fuß, aber Sichten von immerhin über acht Kilometern.

Glück im Unglück: Der Pilot überlebt die Notlandung auf der schmalen Straße unverletzt und kann sich selbst aus dem Wrack seiner Robin 315 befreien.

Auf dem Kopf: Weil der Tiefdecker bei der Landung Bäume am Straßenrand berührt, überschlägt er sich.

Da es im Streckenverlauf bis auf Windräder keine größeren Erhebungen oder gar Berge gibt, schreckt den ortskundigen Piloten die niedrige Wolkenbasis nicht: Der Tiefdecker hebt um 8.28 Uhr von der Piste des Sonderlandeplatzes ab und nimmt Kurs nach Süden.

Zunächst steigt die Maschine auf etwa 1000 Fuß, bis knapp unter die Wolken. Die Untergrenze wird jedoch in Richtung Süden niedriger, daher sinkt der Pilot kurze Zeit später auf 800 Fuß; der Flug verläuft bis dahin ohne Komplikationen. Nach einer halben Stunde jedoch geht die Leistung des Triebwerks plötzlich erheblich zurück. Dabei, so gibt der 39-jährige Luftfahrzeugführer später zu Protokoll, sei kein Stottern und kein unrunder Lauf zu hören und zu spüren gewesen.

Dennoch sinkt die Robin Meter um Meter. Zwar betätigt der Pilot nun die Vergaservorwärmung, doch er kann keine Verbesserung feststellen. Im Gegenteil: Der Motor verliert nur noch weiter an Leistung. Daraufhin schaltet der Pilot die Vorwärmung wieder auf „kalt". Dann entscheidet er sich für eine Ausweichlandung auf dem Militärflugplatz Hohn und informiert den Lotsen über seine Triebwerksprobleme und die Landeabsicht. Doch es kommt anders.

Die jetzt nur noch marginale Motorleistung und der fortschreitende Höhenverlust zwingen den Piloten zu einer Notlandung. In dieser Gegend bieten Wiesen und Felder oft einen moorig-sumpfigen Untergrund – keine gute Wahl. Dann taucht ein schmaler, aber asphaltierter Feldweg auf. Wie es der Zufall will, liegt er so, dass eine Landung genau gegen den Wind möglich ist, der jetzt immerhin mit 15 bis 20 Knoten weht – ein günstiger, vielleicht lebensrettender Umstand. Doch der Anflug misslingt, und die Robin bleibt mit der Tragfläche an einer Baumgruppe hängen, die seitlich neben dem Weg steht. Der Tiefdecker überschlägt sich und bleibt in Rückenlage liegen.

Der Pilot hat großes Glück: Er bleibt unverletzt und kann sich selbst aus dem Wrack befreien. Das Flugzeug ist jedoch völlig zerstört. Die Motorhaube wurde vom Rumpf abgerissen, Bugrad und rechte Tragfläche sind abgeknickt. Auch die Kabinenhaube, die linke Tragfläche sowie Höhenleitwerk und Propeller sind stark beschädigt.

Vergaservereisung

Bei der Suche nach der Ursache für den Leistungsverlust des Motors können die Experten der Bundesstelle für Flugunfalluntersuchung (BFU) keine technischen Mängel feststellen. Die Robin hatte zudem ausreichend Kraftstoff an Bord; Spritmangel als Unfallursache scheidet aus.

Einen Hinweis auf die Ursache der Motorprobleme bringen dagegen die Wetterdaten: Der Spread, also die Differenz zwischen Lufttemperatur und Taupunkt, ist sehr gering, die Luftfeuchte damit sehr hoch. Zusammen mit niedrigen Temperaturen ergeben sich ideale Bedingungen für Vergaservereisung.

Dazu passen auch die vom Piloten geschilderten Symptome eines Drehzahlabfalls bei kaum rauerem Motorlauf (bei einem Constant-Speed-Propeller wäre hingegen der Ladedruck gesunken). Auch die bei Betätigung der Vergaservorwärmung weiter abfallende Triebwerksleistung ist typisch – hier ist Geduld gefragt, bis sich Wirkung zeigt. So schließen die BFU-Ermittler in ihrem Bericht mit an Sicherheit grenzender Wahrscheinlichkeit auf eine zunehmende Vergaservereisung.

Der Pilot hatte diese Gefahr bei seiner Flugvorbereitung offenbar nicht ausreichend beachtet und auch im Flug die Symptome nicht so gedeutet, dass er rechtzeitig die Vergaservorwärmung aktiviert hätte. Darüber hinaus hatte der Pilot die Notfallsituation nach eigenen Angaben falsch eingeschätzt. So gab er zu Protokoll, dass die Tankanzeige trotz ausreichenden Spritvorrats in den Tanks „low fuel" gemeldet habe. In der Folge sei er durch eine „mentale Fixierung" auf die Kraftstoffanzeige zu einer Fehleinschätzung der gesamten Situation gekommen. Begünstigt wurde das möglicherweise durch eine im Nachhinein irreführende Aussage des Mitarbeiters einer Flugwerft: Dieser habe ihm einmal erklärt, so der Pilot, dass die Vergaservorwärmung speziell bei der Robin DR 315 in größeren Flughöhen nicht gezogen werden müsse, da die angesaugte Luft auf ihrem Weg durch den Motorraum ausreichend erwärmt würde.

Eine folgenreiche Fehlinformation, denn unter Umständen hätte die Vergaservorwärmung – so die Beurteilung der BFU – trotz der zunächst schlechter werdenden Motorleistung noch das Eis im Ansaugtrakt auftauen können, sodass sich die Leistung wieder erhöht hätte – wenn die Vorwärmung denn eingeschaltet geblieben wäre.

Den Entschluss, lieber auf dem schmalen Feldweg als in morastigem Gelände notzulanden, beurteilen die Ermittler dagegen als „nachvollziehbar und folgerichtig". Ohne die seitlichen Hindernisse hätte die Landung gegen den Wind vielleicht sogar ohne Bruch gelingen können. Auf weichem, sumpfigen Untergrund dagegen wäre ein Überschlag sehr viel wahrscheinlicher gewesen.

Samuel Pichlmaier

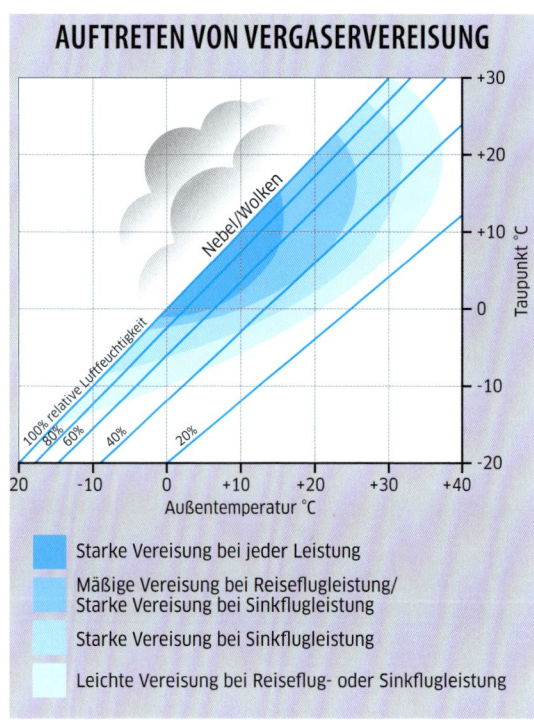

Fast idyllisch: Von der Rettungsinsel aus entstehen diese Fotos der SR2.

Das Ass im Ärmel

Fallschirm im Flugzeug Zwei Cirrus-Unfälle belegen, welchen enormen Sicherheitsgewinn Gesamtrettungssysteme bringen können, wie sie in Deutschland für ULs vorgeschrieben sind. Der Pilot muss sie nur rechtzeitig einsetzen

Nach wie vor sind die Cirrus-Modelle SR20 und SR22 die einzigen E-Klasse-Flugzeuge mit serienmäßig eingebautem Gesamtrettungssystem. Dennoch ist gerade in Deutschland die Zahl der Luftfahrzeuge mit Fallschirm an Bord sehr hoch: Für UL ist diese Ausstattung hierzulande nämlich vorgeschrieben. Doch immer noch bleibt nach vielen Unfällen die traurige Frage, warum der Pilot das System nicht ausgelöst hat. Zwei typische Unfallszenarien der Allgemeinen Luftfahrt zeigen, wie die Insassen dank Fallschirm unverletzt davon kommen konnten: bei Motorversagen und nach Einflug in IMC. Der Fall von Richard McGlaughlin ist schnell erzählt, auch wenn die Unfalluntersuchung noch nicht abgeschlossen ist: Am 7. Januar 2012 ist der Arzt mit seiner Tochter Elaine in 9500 Fuß Höhe auf dem Weg von Florida nach Haiti, wo er freiwillig medizinische Hilfsarbeit leistet. Nahe der Bahamas-Insel Andros Island verliert seine SR22 innerhalb weniger Minuten den Öldruck. 17 Knoten Fallgeschwindigkeit am Schirm statt 60 Knoten Speed beim Aufsetzen – die Entscheidung für weniger Aufprallenergie hatte McGlaughlin schon lange vorher bei theoretischen Notfallüberlegungen getroffen. Nun bleibt tatsächlich der Motor stehen. Der Pilot setzt einen Notruf ab und löst in 2300 Fuß Höhe das Rettungssystem aus.

Keiner verletzt: die SR20 nach der Schirmlandung in den norwegischen Bergen.

Nach dem Aufprall im warmen Wasser verlässt er mit seiner Tochter das Cockpit und bläst seine Rettungsinsel auf. Der riesige Fallschirm bleibt vom Wind gefüllt, die Maschine versinkt nicht. Die beiden halten sich an den Leinen des Schirms fest – eine weise Entscheidung, denn die Besatzung des nahenden U.S.-Coast-Guard-Helikopters erkennt die rot-weiße Kappe schon aus acht Meilen Entfernung. McGlaughlin findet sogar Zeit, Fotos zu machen.

Erst zur Bergung lassen sich die beiden vom Leinengewirr des Fallschirms wegtreiben. Das Flugzeug wird später 25 Meilen entfernt gefunden und geborgen, der Motorschaden soll analysiert werden. Ein ganz anderes Szenario spielt sich am 28. Mai 2010 in Südnorwegen ab. Vor Monaten hat ein Pilot in Stavanger mit drei Freunden einen Ausflug nach Oslo verabredet. An diesem Freitag soll es losgehen, am Sonntag ist ein Konzertbesuch geplant. Der Pilot hat eine VFR-Berechtigung; er fliegt eine Cirrus SRV, die nur für VFR-Flüge zugelassene Variante der SR20. Etwa 50 mal ist er diese 70 Minuten dauernde Strecke schon geflogen.

Am Vormittag hat sich der Pilot im Internet über die Wetterentwicklung informiert. Die Luft ist labil geschichtet, mit Gefahr von Cumulonimben und Gewitterschauern. Ein Telefonat mit einem Freund an der Südküste ergibt, dass dort schon Gewitter stehen. Der Pilot entscheidet sich daher für den direkten Kurs über das Bergland.

Drei altbekannte Unfallfaktoren vereinen sich: viel Druck, den Flug durchzuführen; eine vertraute Route, auf der es bisher immer geklappt hat; dazu kritisches Wetter.

Um 18:40 Uhr hebt der Tiefdecker von der Piste in Stavanger-Sola ab und geht auf Ostkurs. Die Cirrus steigt bis auf 6000 Fuß. Auf Reiseflughöhe entwickeln sich jedoch in Flugrichtung bereits Wolken. Der Pilot entschließt sich zum Flug über der Wolkendecke und bittet um 19:01 Uhr, auf FL90 steigen zu dürfen. Aber auch dort lassen sich die Wolken nicht abschütteln. Die Cirrus fliegt jetzt durch eine Art Wolkental, die grauen Schleier türmen sich bis 500 Fuß unter der Maschine und auf beiden Seiten, nach vorn ist die Sicht noch gut.

Abschied: Richard McGlaughlin blickt auf seine notgewasserte Cirrus (links), Glück im Unglück: die Tochter des Piloten und der vom Wind geöffnete Schirm (rechts).

Nach wenigen Minuten on top quellen die Wolken jedoch immer höher. Schließlich bauen sich auch vor dem Cockpit Wolkenberge auf. Der Pilot sucht deshalb sein Heil in einer Umkehrkurve. Da aber die Gefahr besteht, beim Drehen für kurze Zeit in die Wolken zu geraten, fliegt er den Turn per Autopilot – ganz so, wie es auch das Handbuch bei unbeabsichtigtem Wolkeneinflug empfiehlt. Nach etwa einem Drittel der 180-Grad-Kurve taucht der Tiefdecker in die Wolken ein. Durch einen langsamen Sinkflug per Autopilot versucht der Pilot nun, so schnell wie möglich wieder aus dem Grau herauszukommen. Der Plan misslingt.

Innerhalb von 15 Sekunden bildet sich eine bis zu fünf Zentimeter dicke Eisschicht auf Frontscheibe und Tragflächennase. Zudem wird die Cirrus jetzt von schweren Turbulenzen durchgeschüttelt: Die Maschine ist in einen Schneesturm geraten. Das Pitot-Statik-System fällt aus – vermutlich hat der Pilot die Pitot-Heizung zu spät aktiviert. Aber es kommt noch schlimmer: Das Glascockpit meldet vermutlich aufgrund der Vereisung einen Stall, woraufhin sich der Autopilot deaktiviert. Statt Speed und Höhe zeigt das Glascockpit nur rote Kreuze, immerhin funktioniert der Künstliche Horizont.

Als Sichtflieger ist der Cirrus-Pilot mit der Situation hoffnungslos überfordert. Er verliert die Orientierung und die Kontrolle über sein Flugzeug. Vertigo! Die Cirrus taumelt fast eine Minute durch das Grau, stallt, erreicht bei einer VNE von 200 eine Speed von 250 Knoten und eine Querneigung von 120 Grad – all das verrät später der Datenspeicher des Glascockpits. Dann sieht der Pilot plötzlich durchs Seitenfenster das bergige Gelände.

Erst jetzt trifft er die einzig richtige Entscheidung: Er aktiviert das Rettungssystem. Sieben Sekunden später hängt das Flugzeug am Schirm. Beim Aufprall auf einem Berghang wird das Flugzeug schwer beschädigt, doch alle Insassen steigen unverletzt aus. Nur 45 Minuten später landet ein Sea-King-Rettungshubschrauber unweit der Cirrus und nimmt die Havarierten auf.

Die Radar-Controller hatten den erratischen Flug der Cirrus und den Verlust des Radarechos verfolgt und fürchteten das Schlimmste. Gerade als das Telefon klingelt und jemand von der Rettung berichtet, findet einer der Lotsen im Internet ein Video, in dem eine Cirrus am Fallschirm hängend zu sehen ist. Dass es so etwas gibt, war ihnen bis dahin unbekannt.

Samuel Pichlmaier, Thomas Borchert

Am Haken: Nach der Landung kommt die Piper von der Bahn ab und versinkt in einem Baggersee. Die vier Insassen können sich aus dem Wrack befreien und überleben, zwei bleiben unverletzt.

Baden gegangen

Bruchlandung mit Zweimot Wenn der Motor ausfällt, muss jeder Handgriff sitzen. Während eines Prüfungsflugs für die Zweimot-Berechtigung geht das Notverfahren bei einem simulierten Triebwerksdefekt allerdings gründlich daneben

Warum brauchen manche Flugzeuge unbedingt zwei spritfressende und wartungsintensive Motoren? Twin-Piloten haben auf diese Frage eine überzeugende Antwort: Sicherheit. Tatsächlich ist ein zweiter Antrieb vor allem ein Backup für das wichtigste System eines Motorflugzeugs, das allerdings nur dann mehr Sicherheit bringt, wenn der Pilot im Notfall alles richtig macht. Ganz nebenbei ist auch der positive psychologische Effekt für Pilot und Passagiere nicht zu unterschätzen. Wenn man nun also ein Flugzeug mit dieser wunderbaren Zusatzversicherung hat, scheint es geradezu absurd, in einer kritischen Flugphase freiwillig darauf zu verzichten. Genau das aber passiert unter merkwürdigen Umständen bei einem Prüfungsflug für das Multi-Engine-Rating am bayerischen Flugplatz Straubing-Wallmühle.

Dort herrschen am 30. März 2007 ideale Prüfungsbedingungen: wolkenloser Himmel und eine kaum spürbare Brise von drei Knoten. Die zweimotorige Piper PA 34-200 Seneca II ist am Morgen im niederösterreichischen Bad Vöslau gestartet. An Bord des Tiefdeckers sitzt vorne links der Prüfling, neben ihm sein Fluglehrer als Pilot in Command (PIC). Dahinter sitzen der Prüfer und ein weiterer Pilot, der seine Prüfung für die Zweimot-Berechtigung auf dem Rückflug absolvieren soll. Auf dem Weg nach Straubing hat der 37-jährige Prüfling bereits den Hauptteil des praktischen Prüfungsprogramms geflogen. Auch einen simulierten Triebwerksausfall, mit asymmetrischem Zug im Einmotorenflug, hat er über dem Flugplatz Schärding-Suben schon hinter sich gebracht, jedoch ohne anschließende Landung. Die soll nun als Abschluss der Prüfung ebenfalls im Einmotorenflug mit simuliertem Triebwerksausfall in Straubing folgen.

Etwa 35 Nautische Meilen vor dem Zielflugplatz meldet sich der Prüfling über Funk bei der Straubinger Flugleitung an. In der Platzrunde reduziert der Fluglehrer, wie beim simulierten Motorausfall üblich, die Leistung des rechten Triebwerks, wie er später zu Protokoll geben wird. Daraufhin leitet der Prüfling die Notverfahren ein und setzt den Anflug wie in der Ausbildung gelernt fort. Bis zu diesem Zeitpunkt läuft alles nach Plan: Der Prüfling hat die Zweimot unter Kontrolle und arbeitet die Prüfungsaufgaben unaufgeregt und professionell ab.

Und jetzt: Motor aus!

Als die Zweimot aber in den Queranflug eindreht, gibt der Fluglehrer nach Aussage des Prüflings die Anweisung, das rechte der beiden je 210 PS starken Continental-Triebwerke ganz stillzulegen. Von dieser Anweisung sei er überrascht gewesen, so der 37-Jährige, weshalb er zweimal nachgefragt habe, ob er den Motor tatsächlich vollständig abschalten solle. Dann führt er die Anweisung aus.

Als die Seneca in den Endanflug eindreht, steht der rechte Propeller still. Hinter der Schwelle zur Piste 10 setzt der Tiefdecker hart auf und beginnt zu springen. Dabei verliert die Maschine deutlich an Fahrt. Jetzt übernimmt der Fluglehrer die Steuerung. Der 56-Jährige schiebt die Bedienhebel beider Motoren nach vorn, um ein Durchstartmanöver einzuleiten. Offenbar ist ihm in diesem Moment nicht bewusst, dass er den Prüfling aufgefordert hatte, das rechte Triebwerk komplett abzuschalten. Durch die abrupte Leistungszunahme am linken Motor passiert, was passieren muss: Die Twin dreht sich um Hoch- und Querachse nach rechts, auf Höhe der Halbbahnmarkierung kommt sie von der Piste ab und kracht in einen Baggersee, der südlich an die Piste angrenzt. Dort versinkt die Piper im sieben Meter tiefen Wasser. Fluglehrer und Prüfer müssen, nachdem sie das Ufer erreicht haben, sofort ins Krankenhaus gebracht werden. Die beiden Prüflinge kommen mit leichten Verletzungen davon.

Die Ermittler der Bundesstelle für Flugunfalluntersuchungen (BFU) können anhand der Anflug- und Aufsetzgeschwindigkeit der PA-34 sowie der Konfiguration im Einmotorenflug schnell klären, warum das Durchstartmanöver misslungen war. Im Untersuchungsbericht heißt es dazu: „Als er (der Fluglehrer, Red.) zum Beschleunigen Vollgas gab, war die Vorwärtsgeschwindigkeit der Seneca beim Springen bereits unter die Vmc (Mindestfahrt für aerodynamische Steuerungsfähigkeit, Red.) zurückgegangen. Dadurch reichten die Ausschläge von Seiten- und Querruder nicht mehr aus, um der asymmetrisch wirkenden Zugkraft des unter Volllast drehenden linken Propellers entgegenzuwirken und das Flugzeug über der Bahn in eine stabile Steigfluglage zu bringen."

Warum blieb der Prüfer still?

Andere Fragen, die sich den Ermittlern bei der Rekonstruktion des Unfallhergangs stellen, sind dagegen schwieriger zu klären. Kaum nachvollziehbar ist unter anderem, warum der

PIC dem Prüfling überhaupt die Anweisung gab, das rechte Triebwerk stillzulegen. Es gibt noch immer Fluglehrer, die meinen, durch einen vollständigen Verzicht auf eines der Triebwerke wirke die Simulation eines Motorausfalls authentischer. Zwar ist das Abstellen eines Triebwerks zu Übungszwecken in den Ausbildungsrichtlinien und Prüfungsprogrammen weder ausgeschlossen noch untersagt. Klar ist aber, dass es durch den Verzicht auf spontane Leistungsreserven schnell zu einem echten Notfall kommen kann. Aus Sicherheitsgründen ist eine solche Simulation daher schlicht unvernünftig und gefährlich. Auch die Reaktion des Fluglehrers auf die harte Landung des Prüflings bleibt unverständlich.

Schließlich musste ihm klar sein, dass die abrupte asymmetrische Zugkraft das Flugzeug beim Beschleunigen von der Bahn bringen würde. Rätselhaft ist aber auch das Verhalten des Prüfers. Warum war er nicht eingeschritten, als der Fluglehrer dem Prüfling die Anweisung gab, das Triebwerk abzustellen? In seiner Aussage erklärt er, dass ein simuliert stillgelegtes Triebwerk immer im Leerlauf weiter verfügbar sein müsse. Wörtlich gibt er zu Protokoll: „Niemals wird bei mir ein Motor abgestellt, da das Risiko zu hoch ist."

Nicht ohne Erstaunen finden die BFU-Ermittler des Rätsels Lösung im Cockpit der Seneca: Da in der Maschine nur zwei Headsets vorhanden waren, hatte der Prüfer offenbar zu Gunsten des Fluglehrers auf die Kopfhörer verzichtet – und damit auch darauf, der Kommunikation an Bord folgen und im Zweifel einschreiten zu können.

Samuel Pichlmaier

Nah am Wasser: Der Verkehrslandeplatz Straubing-Wallmühle, eingerahmt von Bagger- und Badeseen, ist ein wichtiges Zentrum für die allgemeine Luftfahrt der Region.

Verkehrslandeplatz Breitscheid: Mit zwei Grasbahnen, eine davon größtenteils asphaltiert, bietet EDGB viel Platz für Luftsportler. Anspruchsvoll ist der Anflug in Richtung „25" über den Fichtenhochwald, im Bild links oben.

Beliebt: Der offene MTOsport (hier ein baugleiches Muster) ist weit verbreitet.

Falsche Reflexe

Auftriebsverlust beim Landeanflug   Helikopter- und Flächenpiloten, die auf einen Tragschrauber umsteigen, müssen sich im neuen Cockpit von alten Gewohnheiten verabschieden. Wer das nicht schafft, fliegt gefährlich

Sommer 2011: Ein ehemaliger Bundeswehrpilot bietet im mittelhessischen Breitscheid Rundflüge mit einem speziellen Ultraleichtflugzeug an; es ist ein Tragschrauber vom Typ MTOsport. Eine Merkwürdigkeit der deutschen Gesetzgebung erlaubt es, auf Luftsportgeräten ohne besondere Genehmigung oder Befähigungsnachweise auch kommerzielle Rundflüge anzubieten. Auf militärischem Fluggerät kann der 59 Jahre alte Pilot stolze 9200 Flugstunden vorweisen. Auf dem Gyrokopter sind es dagegen nur 48, etwa 26 davon Trainingsstunden zum Erwerb der UL-Lizenz. Insgesamt hat er 87 Landungen mit Fluglehrer und 55 solo in sein Flugbuch eingetragen.

Ab dem Vormittag des 16. Juli 2011 war der noch wenig erfahrene Gyro-Pilot bereits viermal in der Luft, um jeweils für ungefähr eine halbe Stunde Passagierflüge zu unternehmen. Gegen 14:30 Uhr rollt er mit seinem Tragschrauber erneut mit einem Fluggast an Bord zum Start. Der Wind bringt es zu dieser Zeit auf bis zu 25 Knoten in Böen – mehr als die zulässige Seitenwindkomponente des MTOsport. Auf dem Verkehrslandeplatz ist nur wenig Betrieb. Ein Flugleiter wird später berichten, bei den Starts habe es an diesem Tag kaum Probleme gegeben. Dafür seien aber bei allen Piloten Probleme im Landeanflug zu beobachten gewesen. Anflüge von Osten auf die Piste 25 sind bei Südwind unter ortsansässi-

Keine Chance: Aus 60 Metern Höhe stürzt der Gyro ab. Pilot und Passagier des MTOsport überleben nicht.

gen Piloten gefürchtet. Der Grund: Ein Fichtenhochwald sorgt dann im Endteil für heftige Turbulenzen und Leewirbel. Auch an diesem Tag kommt der Wind aus 170 bis 190 Grad und wird von Zeugen als „stark böig" beschrieben.

Um 15:06 Uhr kehrt der MTOsport von seinem fünften Rundflug zurück und dreht zur Landung ein. Er fliegt dieses Mal höher an als bei den vorherigen Flügen. Zeugen beobachten, dass der Pilot die Nase des Gyros in Pistenachse ausrichtet.

Absturz aus 60 Metern Höhe

Etwa 200 Meter vor der Schwelle, nur noch 60 Meter über Grund, rollt die Maschine unvermittelt um die Längsachse nach rechts. Augenblicke später dreht sich der Tragschrauber auch um die Hochachse in dieselbe Richtung und stürzt im gleichen Moment fast senkrecht dem Boden entgegen. Der Pilot kann die Maschine nicht mehr abfangen. Beide Insassen werden beim Aufschlag sofort getötet. An der Absturzstelle ist der Tragschrauber kaum mehr als Fluggerät zu erkennen. Der Motor wurde beim Aufprall aus dem Rumpf gerissen, der vordere Rumpfteil ist bis zum Instrumentenbrett zerstört, Pedale, Kugellager und Steuerstangen sind aus den Halterungen gebrochen.

An den beiden Rotorblättern stellen die Ermittler der Bundesstelle für Flugunfalluntersuchungen (BFU) Knicke und Falten fest, die Blätter sind gleichmäßig leicht nach oben verbogen: Diese Spuren weisen auf eine geringe Rotordrehzahl beim Absturz hin. Wahrscheinlich, so die BFU-Experten, war die Drehzahl kurz zuvor zusammengebrochen. Ausgelesene Flugdaten der Avionik, die aus dem Wrack geborgen werden konnte, lassen den Schluss zu, dass der Pilot seine Maschine mit Geschwindigkeiten zwischen 90 und 108 km/h im zulässigen Bereich bewegte. Die Aussagen von Zeugen, der Gyro habe sich beim Landeanflug auf die verlängerte Pistenachse ausgerichtet, lassen allerdings auf einen Schiebeflug schließen: Unter Umständen war das vom Piloten gewollt, denn bei Flächen-

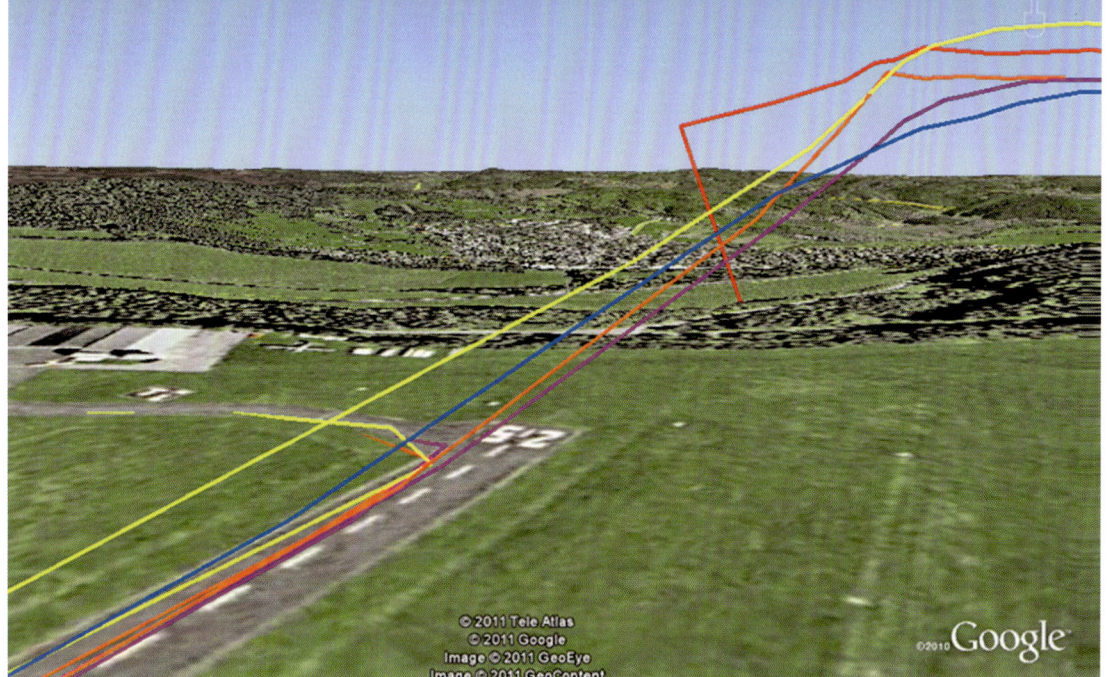

Rekonstruktion: Die ausgelesenen Avionikdaten zeigen die Anflugwege der letzten Flüge. Beim fünften Mal kommt es zum Absturz.

flugzeugen dient ein derartiges Manöver auch dazu, rasch Höhe abzubauen.

Das Flughandbuch des MTOsport verbietet solche Flugzustände jedoch ausdrücklich. Besonders Umsteiger von Flächenflugzeugen werden vor den besonderen Betriebsgrenzen des Tragschraubers gewarnt: „Die hohe Richtungsstabilität eines Flächenflugzeugs gewohnt, unterlässt ein Umsteiger leicht die notwendige Pedalarbeit oder, was noch schlimmer ist, wähnt die Grenzen des Schiebeflugs irrtümlich bei vollem Pedalausschlag."

Zudem flog die Maschine des Unglückspiloten im Endteil durch Turbulenzen. Beides, Schiebeflug und turbulente Luft, führte wohl dazu, dass der Rotor nicht mehr ausreichend von unten angeströmt wurde. Bei einem per Autorotation drehenden Tragschrauberrotor bricht in diesem Fall schlagartig der Auftrieb zusammen. Vermutlich, so die BFU, verstärkte der Pilot unabsichtlich das Abkippen über die rechte Seite noch weiter, indem er reflexartig und wie bei einem Flächenflugzeug üblich Gas nachschob. Bauartbedingt führt das bei einem Tragschrauber aber nicht dazu, die Drehzahl des Hauptrotors zu erhöhen, was die Situation entschärft hätte. So wurde die Durchströmung des Rotors eher weiter verschlechtert. Die geringe Erfahrung auf dem Drehflügler und zugleich eingeübte Abläufe auf konventionellem Fluggerät wurden dem Piloten und seinem Passagier zum Verhängnis.

Sicherheitsempfehlung der BFU

Die BFU hat im Zuge der Unfalluntersuchungen in Breitscheid nun eine Sicherheitsempfehlung herausgegeben, die die UL-Szene nachhaltig verändert: Das zuständige Bundesministerium für Verkehr, Bau und Stadtentwicklung „sollte luftrechtliche Festlegungen treffen, die gewerblichen Personentransport mit Luftsportgeräten nur zulassen, wenn ein hohes Niveau der Flugsicherheit, vergleichbar mit dem für den gewerblichen Personentransport, zum Beispiel mit Flugzeugen, sichergestellt werden kann."

Samuel Pichlmaier

Bild der Zerstörung: Bei der Landung geht alles schief. Pilot und Passagierin haben keine Chance, den harten Aufprall zu überleben.

Mentale Blockade

Rüffel mit Folgen? Ein Pilot kassiert nach dem unerlaubten Einflug in Luftraum C eine Ermahnung. Der Flug endet dramatisch – gibt es einen Zusammenhang?

Konzentration ist im Cockpit ebenso wichtig wie Fahrtmesser und Steuerhorn. Wer in Gedanken woanders ist, kann im Ernstfall nicht schnell genug reagieren. Aus einem Routinemanöver wird dann unter Umständen ein Notfall. Es liegt aber allein beim Piloten, seine mentale Flugtauglichkeit richtig einzuschätzen.

Auf dem badischen Sonderlandeplatz Herten-Rheinfelden, ganz im Südwesten Deutschlands nahe der Schweizer Grenze gelegen, bereitet sich am Morgen des 17. April 2011 der Pilot einer Cessna 172 auf einen Überlandflug nach Biberach vor. Der erfahrene Flieger ist 88 Jahre alt und hat 1311 Stunden sowie 1512 Starts und Landungen

Spurensuche: Die zweite Bodenberührung führt zum tödlichen Crash, die Aufprallenergie ist enorm hoch. Ein Anfängerfehler?

in seinem Flugbuch stehen. Etwa 1000 Stunden ist er bisher auf der C172 geflogen.

Mit an Bord ist an diesem Frühlingsmorgen eine Passagierin. Bei optimalen Sichtflugbedingungen und mäßigem Wind hebt der Hochdecker um 11:23 Uhr ab und nimmt Kurs Ost-Nordost, Richtung Oberschwaben.

Etwa eine Viertelstunde nach dem Start kommt es zu einem Zwischenfall nahe der Schweizer Grenze: Der Pilot steuert die Cessna versehentlich in den Luftraum C von Zürich-Kloten, der hier von 4500 Fuß bis FL 195 reicht. Die Maschine kreuzt den kontrollierten Luftraum in etwa 5100 Fuß, ein Controller von Zürich-Radar meldet den Zwischenfall dem Flugleiter in Biberach. Als die Cessna dort um 12:15 Uhr ankommt, wird der Pilot sogleich auf sein Vergehen hingewiesen.

Der 88-Jährige weiß, dass ein derartiger Fehltritt unter Umständen teuer werden kann. Nicht nur deshalb liegt ihm die Sache vermutlich schwer im Magen. Der Fehler und die unangenehme Zurechtweisung haben ihm den launigen Frühlingstrip womöglich gründlich verdorben.

Bitte um Entschuldigung

Um 13:45 Uhr machen sich Pilot und Passagierin auf den Rückweg Richtung Herten-Rheinfelden. Nur wenige Minuten nachdem die Cessna in Biberach gestartet ist, rastet der Pilot die Frequenz von Zürich Information und entschuldigt sich nachdrücklich für seinen Irrtum: „… auf meinem Herflug hab ich wahrscheinlich die Höhe nicht richtig eingehalten. Mir wurde das jetzt in Biberach mitgeteilt. Ich möchte mich recht herzlich entschuldigen." Der Lotse reagiert geschäftig-reserviert: „Wir werden die Entschuldigung weiterleiten nach Zürich-Anflug. Sie sind, glaub' ich, dort eingeflogen." Die Cessna lässt jetzt die südlichen Ausläufer von Schwäbischer Alb und Schwarzwald hinter sich. Dann nimmt der Pilot Funkkontakt zu Herten-Rheinfelden auf und meldet sich zur Landung.

Gutmütig: Nicht umsonst ist die Cessna 172 ein beliebtes Schulflugzeug. Der Hochdecker verzeiht sehr viel und gilt als unproblematisch

In den folgenden Minuten sinkt die Einmot von 6000 Fuß bis auf Platzrundenhöhe. Mit deutlich Überfahrt und gesetzten Klappen dreht der Pilot ins Endteil ein. Erst auf Höhe der Halbbahnmarkierung setzt die Maschine zum ersten Mal auf, springt aber gleich wieder in die Luft.

Der Pilot versucht daraufhin vermutlich, die Cessna auf die Piste zu drücken. Das Manöver misslingt, die Maschine kracht mit großer Längsneigung etwa 80 Meter hinter dem Pistenende der „06" auf eine Wiese und überschlägt sich. Beide Insassen sterben beim Aufprall.

Das Heck des Hochdeckers ist auf Höhe des Gepäckraumes geborsten; Propeller, Bugrad sowie Triebwerksverkleidung und die rechte Cockpittür werden beim Aufschlag vom Rumpf abgetrennt. Das Cockpit gleicht einem Trümmerhaufen: Der rechte vordere Sitz ist aus seiner Halterung gebrochen, Steuerstangen und Instrumentenpanel sind herausgerissen und gestaucht. Einzig die Sicherheitsgurte haben der Aufprallenergie standgehalten.

Die vordergründige Unfallursache ist schnell aufgeklärt: Die GPS-Daten aus dem Navigationsgerät der Cessna, die die Ermittler der Bundesstelle für Flugunfalluntersuchungen (BFU) auswerten, ergeben ein klares Bild: Der Pilot flog im Endanflug mit einer Geschwindigkeit von etwa 79 Knoten. Im Handbuch der Cessna 172 sind 55 bis 60 Knoten angegeben. Statt nach dem ersten Aufsetzen durchzustarten, versuchte er sehr wahrscheinlich, die Maschine mit Gewalt auf die Piste zu drücken – ein schwerwiegender Pilotenfehler. Dadurch kam es wohl zum Übersteuern der Cessna.

Die Folge: der harte zweite Aufschlag mit 25 Grad Längsneigung und einer noch sehr großen Aufprallenergie.

Nur ein Pilotenfehler?
Für die BFU-Experten ergeben sich jedoch trotz des klaren Unfallhergangs einige Fragen, die schwer zu klären sind: Wie kam es zu dieser fahrlässigen Handlungsweise eines erfahrenen und in der Vergangenheit stets umsichtig agierenden Piloten? War sein hohes Alter möglicherweise ursächlich für die missglückte Landung? Und schließlich: Welchen Einfluss hatten die vorangegangenen Ereignisse auf die mentale Verfassung des Flugzeugführers?

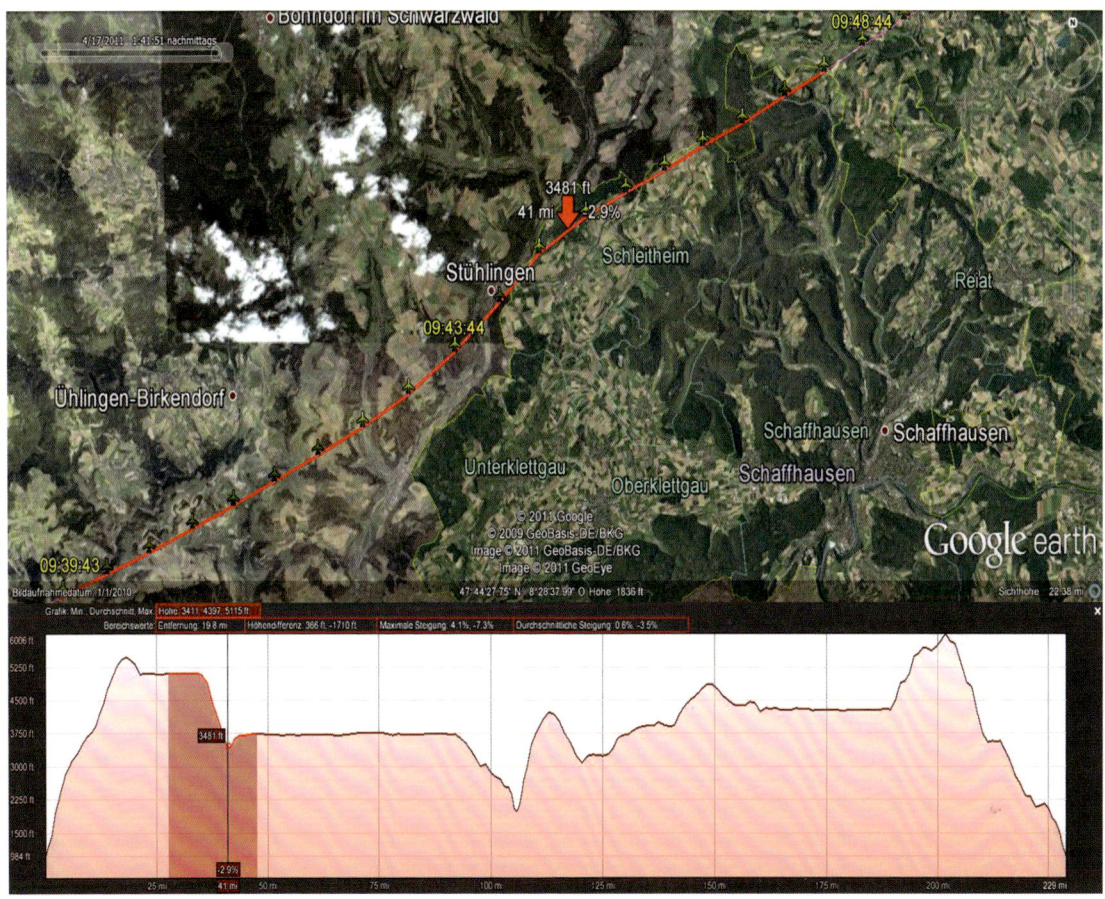

Etwas zu hoch: Der dunkelrote Bereich im Diagramm markiert die kurzzeitige Luftraumverletzung des Cessna-Piloten

So offensichtlich der Pilotenfehler beim Landeanflug ist, so schwierig gestaltet sich die Aufklärung der dafür ursächlichen Umstände. Das hohe Alter des Piloten wollen die BFU-Ermittler als Unfallursache nicht ausschließen. Im Abschlussbericht heißt es: „Eine mögliche verminderte Reaktionsfähigkeit des 88-Jährigen auf die außergewöhnlichen Umstände bei der Landung kann ein zum Unfall beitragender Faktor gewesen sein." Soll heißen: Direkte Hinweise auf eine altersbedingte Konzentrationsschwäche gibt es nicht, doch angesichts der physischen Belastungsgrenzen eines jeden Menschen in hohem Alter ist sie nicht völlig auszuschließen.

Was die vorangegangenen Ereignisse angeht, so wird der Untersuchungsbericht deutlicher: Der Funkverkehr mit Zürich Information auf dem Rückflug, dessen Abschrift den BFU-Ermittlern vorlag, lasse auf eine Unkonzentriertheit des Piloten schließen, wahrscheinlich ausgelöst durch die Zurechtweisung in Biberach. Wie diese vonstatten ging, ist dem Unfallbericht nicht zu entnehmen. Offenbar war das Ereignis aber aufwühlend genug für den erfahrenen Piloten, dass er bei der Landung in Herten-Rheinfelden einen typischen Anfängerfehler beging – mit katastrophalen Folgen.

Samuel Pichlmaier

Leitwerk im Lee

Defekte Verriegelung Bei einem Schulungsflug springt plötzlich die Cockpithaube auf. Den Piloten gelingt es nicht, die Situation zu entschärfen

Türen können bei alten Autos im Winter ein unangenehmes Eigenleben entwickeln: Es kommt vor, dass der Verschluss vereist ist und während der Fahrt durch die Heizungswärme auftaut und plötzlich aufspringt. Den Fahrer kann das trotz kaltem Fahrtwind ordentlich ins Schwitzen bringen – bis nach einem kurzen Stopp alles wieder gut verriegelt ist. Im Flugzeug ist ein solches Szenario ungleich dramatischer: Tiefdecker mit großen kuppelartigen Kanzeln kann es unter Umständen regelrecht aus der Bahn werfen, wenn sich die Haube im Flug öffnet und dadurch die Aerodynamik am Leitwerk stört. Beim UL-Tiefdecker Eurostar öffnet die große Haube nach vorn, sie wird oben

Abgestürzt: Nach dem Öffnen der Haube gerät die Maschine in eine instabile Fluglage, aus der die Piloten keinen Ausweg finden.

Ganzmetaller: Der tschechische Eurostar gilt als solider Zweisitzer mit gutmütigen Flugeigenschaften.

am Haubenrahmen mit einem Griff hinter und über den Köpfen der Insassen verriegelt. Das Muster gilt als unkritisch und wird daher von Vereinen gern zur Schulung eingesetzt. So auch am 20. Mai 2011 auf dem Sonderlandeplatz Stralsund an der mecklenburgischen Ostseeküste.

Probleme in der Platzrunde

Ein Fluglehrer macht dort am frühen Nachmittag mit seinem Schüler den Vorflugcheck und betankt die Vereinsmaschine, einen Eurostar EV97. Der 41-Jährige hat zwar viele Jahre Erfahrung als Segelflieger und auf Reisemotorseglern, doch auf Ultraleichtflugzeugen sind bislang nur 65 Stunden in seinem Flugbuch eingetragen. Sein 47-Jähriger Schützling steht noch am Anfang der UL-Ausbildung.

Um 14:39 Uhr starten die beiden von der Piste 23 zu einem Schulungsflug. Die Maschine dreht erst eine ausgedehnte Platzrunde, dann wird der Anflug auf die 900-Meter-Graspiste trainiert. Nach dem Aufsetzen schiebt der Flugschüler den Gashebel wieder nach vorn und startet durch.

Über Funk meldet er anschließend die geplante Abschlusslandung auf der „23" und dreht in den Querabflug. Vermutlich in diesem Moment öffnet sich die Kabinenhaube. Der kalte Fahrtwind trifft Pilot und Fluglehrer überraschend und noch dazu in einer kritischen Flugphase mit nur geringer Höhe. Der Haubenverschluss ist für den links sitzenden Flugschüler und den Fluglehrer gleichermaßen schwer erreichbar: Sie müssten die Haube am Verriegelungshebel mit einem Kraftaufwand von 10 bis 20 Kilogramm nach unten ziehen, den Hebel dann gleichzeitig drehen und nach hinten drücken – unter diesen Umständen ein schwieriges Manöver, zumal die Piloten angeschnallt sind.

Schließt nicht richtig: Der Verriegelungsmechanismus zeigt Spuren von starker Abnutzung.

Der Besatzung bleibt nur wenig Zeit, um das Problem in den Griff zu bekommen, denn die Maschine beginnt bereits, sich gefährlich aufzuschaukeln. Auch die Steuerung ist durch Vibrationen am Heck wahrscheinlich stark eingeschränkt. Fluglehrer und Schüler sind mit der Situation offenbar überfordert; der Pilot verliert in einer Höhe von etwa 150 Metern die Kontrolle über das UL, das Rettungsgerät wird nicht ausgelöst. Der Tiefdecker kippt vornüber und stürzt in einer steilen Flugbahn dem Boden entgegen. Fast senkrecht schlägt er auf einem Acker nahe der Ortschaft Groß Kedingshausen auf. Beide Insassen werden durch die Wucht des Aufpralls sofort getötet.

Die Zerstörung ist immens: Ein Teil des Hauptfahrwerks ist in die Zelle hineingedrückt, das Bugrad abgeknickt. Die rechte Tragfläche ist vom Rumpf abgerissen, die linke liegt verdreht neben dem Hauptwrack. Höhen- und Seitenleitwerk sind stark deformiert, das Cockpit ist offen, der Haubenrahmen liegt etwa eineinhalb Meter von der Kabine entfernt.

Bei den Ermittlungen am Wrack finden Mitarbeiter der Bundesstelle für Flugunfalluntersuchungen (BFU) erhebliche Abnutzungsspuren an der Kabinenverriegelung: Verschlusshaken und Zapfenbeschlag weisen deutliche Schleifspuren auf, der Haken ist außerdem an der Spitze verformt.

Es hakt – nicht zum ersten Mal

Andere Vereinspiloten berichten in anschließenden Befragungen, dass die Probleme beim Schließen der Eurostar-Haube bereits bekannt waren. Die Verriegelung sei in der Vergangenheit schon des öfteren aufgegangen. Die BFU-Ermittler stoßen auf Eurostar-

Eingehakt: Um die Haube im Flug wieder zu schließen, wären 10 bis 20 Kilo Zugkraft nötig.

Unfälle in der Schweiz und in Australien mit gleicher Ursache: Die Kabinenhauben hatten sich auch hier im Flug geöffnet.

Beim tschechischen Hersteller Evektor ist das Problem seit langem bekannt; im Jahr 2004 ergaben Versuchsflüge mit geöffneter Haube, dass sich der Tiefdecker bei einem solchen Vorfall in einer amplitudenförmigen Flugbahn aufschaukelt. Gemessen wurden zudem Vibrationen am Heck, die die Steuerung beeinträchtigten. Nach Meinung des Herstellers hielten sich die Kräfte von 10 bis 20 Kilo, die der Pilot zum Wiederverschließen der Haube aufbringen muss, aber „in einem annehmbaren Rahmen". Eine fragwürdige Einschätzung.

2006 wurde dennoch ein Bulletin für die Muster Eurostar und Sportstar herausgegeben, in dem der Hersteller eine Anweisung zur Umrüstung des Haubenverschlusses veröffentlichte. Weshalb diese Prozedur in Deutschland bis zu dem Unfall in Stralsund noch nicht umgesetzt wurde, ist nicht nachvollziehbar. Auf eine Sicherheitsempfehlung der BFU reagierte der Deutsche Aero Club (DAeC) erst Anfang 2012 mit einer entsprechenden Lufttüchtigkeitsanweisung (LTA). Für die UL-Besatzung aus Stralsund kam das zu spät.

Bei der pathologischen Untersuchung an der Universitätsklinik Greifswald stellte man auffällige Verletzungen an der linken Hand des Flugschülers fest, die darauf schließen lassen, dass er sich beim Aufschlag an einem Gegenstand festgehalten haben muss. Möglicherweise war es der Steuerknüppel, mit dem er versuchte, die Maschine doch noch abzufangen. Oder aber er hielt den Verriegelungshebel der Kabinenhaube fest umklammert, die er nicht mehr schließen konnte.

Samuel Pichlmaier

138 Gefährlicher Wechsel

Gefährlicher Wechsel

Orientierungsverlust Der Übergang vom Instrumentenflug zur Landung nach VFR birgt bei schlechtem Wetter große Risiken

Flugregelwechsel von IFR zu VFR und umgekehrt sind eigentlich sehr praktisch, weil sie auch bei schlechtem Wetter Flüge von und zu kleinen Plätzen ermöglichen, die kein Instrumentenanflugverfahren haben. Dennoch ist der Übergang zum Sichtflug vor der Landung bei grenzwertigem Wetter nicht ungefährlich – denn die Versuchung ist groß, die gesetzlichen Minima für Sicht und Wolkenabstände zu unterschreiten.

Die Cirrus SR22, die am 31. Mai 2010 im polnischen Katowice zu einem Charterflug nach Bielefeld (EDLI) startet, ist bestens ausgerüstet. Sie hat mit dem Avidyne Entegra ein integriertes Avioniksystem im Cockpit, das auf einem Primary Flight Display (PFD) alle wichtigen Flugdaten anzeigt; ein Multifunktions-Display (MFD) stellt außerdem Triebwerksparameter sowie Navigations- und Anflugkarten dar.

Um 7:52 Uhr Ortszeit hebt die SR22 in Katowice ab und nimmt Kurs Richtung West-Nordwest. Außer der 26 Jahre alten Berufspilotin sind drei Passagiere an Bord des Viersitzers.

Der Flug soll bis kurz vor dem Ziel nach Instrumentenflugregeln durchgeführt werden; am Wegpunkt DENOL ist der Übergang zu VFR geplant, denn Bielefeld kann nur VFR angeflogen werden.

Cirrus SR22: baugleiches Muster

Um 10:26 Uhr beantragt die Pilotin in einer Höhe von 4200 Fuß MSL den Wechsel von IFR nach VFR. Es sind jetzt nur noch sechs Nautische Meilen bis zur Schwelle der 1256 Meter langen Piste von Bielefeld.

Vier Minuten später dreht der Tiefdecker nach Süden und nimmt Kurs auf die Piste 29. Der Platz ist jetzt nur noch zwei Nautische Meilen entfernt, die SR22 wird vom Autopilot im Heading-Modus sowie bei konstanter Vertical Speed gesteuert. In 1700 Fuß MSL schaltet die Pilotin die Steueranlage aus und fliegt manuell weiter.

Um 10:31 Uhr ist der Tiefdecker nur noch 400 Meter von der Schwelle entfernt, aber noch in 1200 Fuß MSL – und damit 750 Fuß über dem 454 Fuß hohen Platz. Der Pilotin

Nicht überlebbar: Die Kabine wurde beim Aufprall zerstört, das Rettungssystem löste dabei aus.

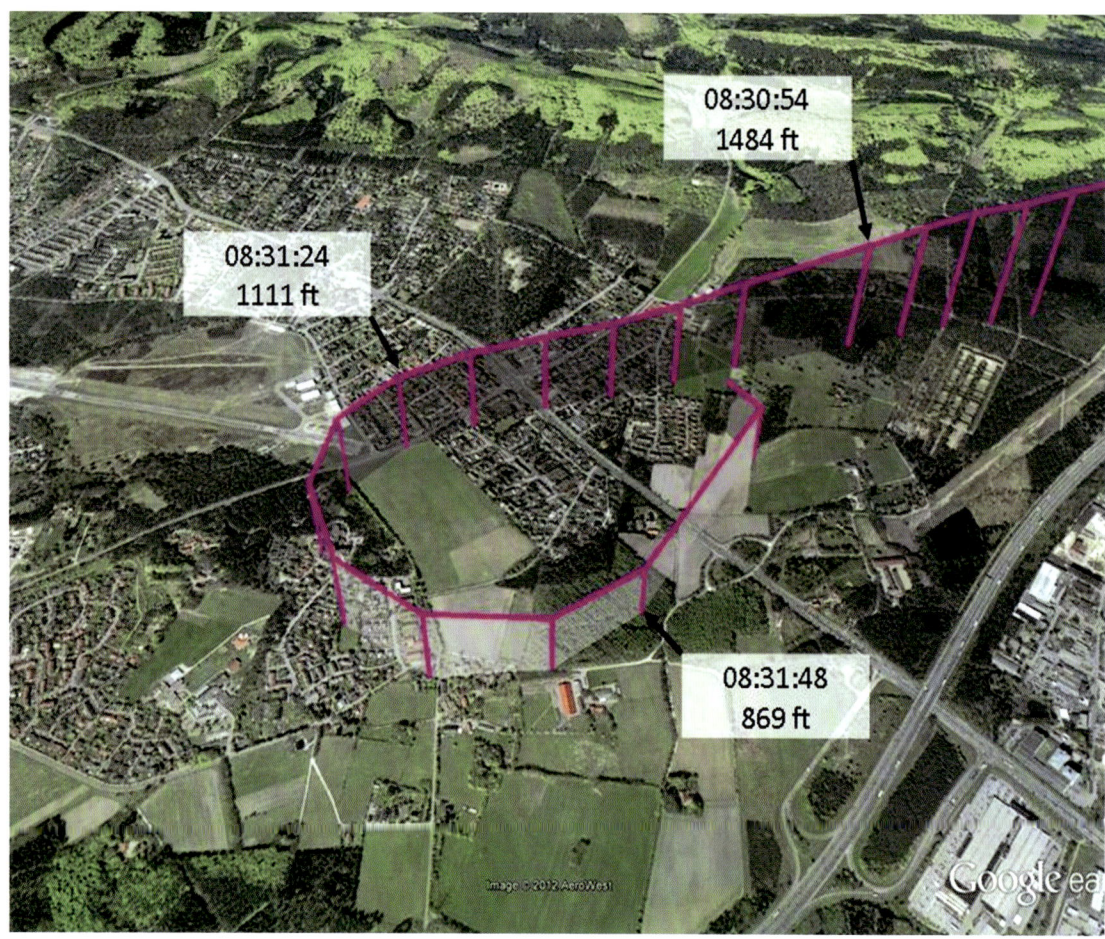

Fatale Kurven: Die Drehung zur Bahn (am linken Bildrand) wurde zu eng angelegt (Zeitangaben in UTC).

wird offenbar klar, dass sie für eine Landung zu hoch ist, sie quert die Anfluggrundlinie und kurvt nach links, wohl mit dem Ziel, nach einer 180-Grad-Drehung in den Queranflug zu kommen.

Das Flugzeug rollt dabei mit 105 bis 115 Knoten in bis zu 40 Grad Querlage. Dann verringert sich die Querneigung auf fünf Grad. Nach der 180-Grad-Drehung kreuzt die Maschine erneut die Bahnachse und dreht bei Vollgas mit 55 Grad Querneigung nach links Richtung Bahn. Kurz darauf prallt das Flugzeug mit hoher Längsneigung in ein Waldgebiet.

Keine Chance auf Überleben
Alle vier Insassen verlieren beim Aufschlag ihr Leben. Motor und Instrumentenpanel der Maschine werden bis zu den hinteren Sitzen ins Wrack hineingedrückt. Durch die Wucht des Aufschlags wurde das Rettungssystem der Cirrus am Boden ausgelöst.

Die Aufzeichnungen von PFD und MFD sowie die ergänzende Auswertung der Radardaten durch die Bundesstelle für Flugunfalluntersuchungen (BFU) in Braunschweig zeigen bei den folgenden Ermittlungen, dass die SR22 während der hohen Querneigung in der letzten Linkskurve nur noch 78 Knoten Fahrt hatte. Im Betriebshandbuch wird vom Hersteller bei 60 Grad Querneigung eine Überziehgeschwindigkeit von 99 Knoten angegeben – bei MTOM.

Doch es zeigt sich, dass die SR22 mit vier Personen vollgetankt gestartet und zum Unfallzeitpunkt noch mit etwa 62 Kilo überladen war; in Katowice waren es sogar 179 Kilo zu viel.

Die Wettermeldungen am Flugplatz Bielefeld belegen schwieriges Wetter: 7000 Meter Sicht in leichten Regenschauern, vereinzelte Wolken in 1100 Fuß über Grund, durchbrochene Wolken in 1700 Fuß.

Zwar gelten für einen Flugregelwechsel von IFR nach VFR reduzierte Sichtbedingungen: Der Pilot muss 3000 Meter Flug- sowie Erdsicht haben und frei von Wolken bleiben. Doch mit großer Wahrscheinlichkeit hatte die Cirrus-Pilotin den Wetterberichten zufolge beim Flugregelwechsel sowie danach zumindest zeitweise keine Erdsicht. Aufgrund der gewählten Anflugplanung sank die Maschine erst direkt am Platz unter die Wolken – in einer Position, aus der eine Landung nicht direkt möglich war. Beim nachfolgenden Manövrieren war die Pilotin vermutlich darauf konzentriert, den Platz nicht außer Sicht zu verlieren. Dabei unterschritt sie die durch Überladung erhöhte Stall Speed.

Typische Risiken
Im Unfallhergang finden sich typische Risiken für die IFR-Fliegerei mit kleinen Maschinen. So gab es erheblichen Druck, in Bielefeld zu landen und nicht am mit ILS-Anflügen ausgestatteten Ausweichplatz Paderborn, denn die Passagiere wurden am Boden von Geschäftspartnern erwartet.

Auch erzeugt die Aufforderung „report ready to cancel IFR" des Lotsen bei Erreichen des geplanten Punkt für den Flugregelwechsel bei vielen Piloten den Druck, nach VFR weiterzufliegen, obwohl das Wetter nicht die erforderlichen Bedingungen erfüllt. Das sichere und gesetzlich vorgeschriebene Vorgehen wäre in dieser Situation, einen Alternate mit IFR-Anflugverfahren anzusteuern und eventuell von dort den eigentlichen Zielflugplatz nach VFR anzusteuern, wenn es die Wolkenuntergrenzen und Sichten erlauben. Dies ist der sogenannte cloud break approach, mit dem man sicher unter die Wolken gelangt.

Bei grenzwertigem, aber in der Platzrunde noch fliegbarem Wetter erliegen IFR-Piloten an VFR-Plätzen immer wieder der Versuchung, mit selbstgestrickten „VIFR"-Verfahren anzufliegen. Wohl wissend, dass der Rahmen der Legalität verlassen wird, legen sie solche Anflüge oft zu dicht am Platz an, sodass enge Kurven bei schlechtem Wetter und in Bodennähe erforderlich sind. Dabei wirkt sich eine Überladung der Maschine besonders stark aus. Ebenfalls typisch ist, dass genau dann, wenn die mentale Kapazität für die Kontrolle des Flugzeugs von der Suche nach der Bahn und der Einteilung des Anflugs eingeschränkt wird, viele Piloten den Autopiloten deaktivieren, obwohl er sie genau in dieser Situation entlasten könnte. Steilere Kurven als sie ein Autopilot fliegt, sind in diesem Fall ohnehin nicht angebracht.

Grundsätzlich bleibt angesichts der Möglichkeiten für IFR-Anflüge auf Basis von GPS und EGNOS die Frage, ob nicht der Flugsicherheit wesentlich gedient wäre, wenn es kleinen Flugplätzen so leicht wie möglich gemacht wird, solche Instrumentenanflugverfahren einzurichten.

Samuel Pichlmaier

Wann wird Dunkelheit gefährlich? Ungenügende Erdsicht kann zu Fehleinschätzungen von Speed, Höhe, Entfernung und Fluglage führen.

Vorhang zu und viele Fragen offen

Nachtflug-Drama Bei einer Open-air-Aufführung des Theaterstücks „Der kleine Prinz" ist der Überflug und die Landung einer Cessna geplant. Der Plan misslingt, und der Abend endet in einer Tragödie

Ein Nachtflug hat das Potenzial, zum unvergesslichen Erlebnis zu werden. Wenn die Landschaft in Mondlicht getaucht zu einem märchenhaften Ort wird, kommen selbst weniger romantische Piloten ins Schwärmen.

Vermutlich hatten Regisseur und Veranstalter bei der Planung einer Theaterreihe in Oehna-Zellendorf eine ähnliche Szenerie vor Augen. Das Stück „Der kleine Prinz" des Fliegerdichters Antoine de Saint-Exupéry wird in diesem Rahmen auf dem Verkehrslandeplatz Oehna-Zellendorf südlich der brandenburgischen Stadt Jüterbog aufgeführt. Als einer der Höhepunkte des Open-air-Theaters sind der tiefe Überflug und die Landung einer Cessna 172 geplant. Bei den ersten Aufführungen hatte ein Mitarbeiter des ortsansässigen Luftfahrtunternehmens Fläming Air den Flieger-Part übernommen. Am 26. August 2011 fliegt der Chef selbst. Der 71-Jährige ist weit über die lokale Fliegerszene hinaus bekannt: Rudi Hackel betreibt in Oehna-Zellendorf zusammen mit seiner Familie den Flugplatz und eine Flugschule; sein Unternehmen produziert und vertreibt Luftfahrzeuge und bietet in Zusammenarbeit mit einem LTB Instandhaltung an.

Der Pilot hat Berechtigungen als Fluglehrer sowie für Schlepp-, Kunst- und Nachtflug. Seine Flugerfahrung bei Dunkelheit beschränkt sich laut Flugbuch allerdings auf zwei Stunden und 40 Minuten. Auf der Cessna 172 sind es sogar nur 17 Minuten. Die hat er am Abend zuvor durch zwei Platzrunden an seiner Home-base absolviert.

Mit derselben Maschine startet er am letzten August-Freitag um 21:12 Uhr von der Piste 08. Die Sonne ist bereits eine gute Stunde vorher untergegangen, um 20.07 Uhr. Zum Theaterstück passend müsste der Flugplatz und das umgebende Gelände in silbernes Mondlicht getaucht sein, doch an diesem Abend ist Neumond – eine dunkle Nacht. Unter dem wolkenlosen Himmel beträgt die Sicht zwar mehr als zehn Kilometer, doch für den Piloten sind die VFR-Bedingungen ungünstig: Der Flugplatz hat keine weithin sichtbare Anflugbefeuerung. Es gibt lediglich eine Pistenrandbefeuerung.

Flieger mit Leib und Seele: Rudi Hackel war in der Szene weit über Brandenburg hinaus bekannt.

Zwei denkbare Szenarien

Nach dem Start kurvt die Cessna in Richtung Norden und dreht wenig später in einer 180-Grad-Kurve wieder auf Südkurs, um zum Platz zurückzukehren. Kurz darauf überfliegt der Hochdecker die Piste und dreht dann im Tiefflug nach rechts in westliche Richtung ab. Es ist wohl die letzte vollständig kontrollierte Bewegung der Maschine. Augenblicke später geht sie unvermittelt in einen steilen Sinkflug über. Eine sachkundige Zeugin wird später zu Protokoll geben, dass sie die Positionsleuchten plötzlich senkrecht stehend wahrgenommen habe, dann sei das Flugzeug aus ihrem Blick-

Das Unfallmuster Cessna 172 ist das meistgebaute Flugzeug der Welt.

Rätsel um den Staurohrbezug: War er im Flugzeug, oder ist er beim Aufprall vom Staurohr gerutscht?

feld verschwunden. Die Cessna stürzt in einem flachen Winkel und mit hoher Geschwindigkeit in eine Kiesgrube, etwa 1600 Meter westlich der Schwelle 08. Durch den Aufschlag erleidet der Pilot ein schweres Polytrauma. Er ist sofort tot.

An der Unfallstelle zeigt sich die enorme Gewalt des Aufschlags: Bugfahrwerk und rechtes Hauptfahrwerk sowie beide Flügelhälften sind vom Rumpf abgetrennt. Auch Querruder und Landeklappen wurden mitsamt ihren Halterungen aus den Flügeln gerissen.

Das Rumpfvorderteil mit Triebwerk und Cockpit liegt an einer anderen Stelle als die Kabine, das Heck ist auf Höhe des Gepäckraums abgebrochen. Steuerhörner und Steuerstangen sind aus dem Instrumentenbrett herausgerissen.

Aufgrund des flachen Aufschlagwinkels und der Wracklage rekonstruieren die Ermittler der Bundesstelle für Flugunfalluntersuchungen (BFU) zwei verschiedene Abläufe für den Absturz. So könnte die Maschine in einen Trudelsturz geraten sein, aus dem der Pilot sie nicht mehr rechtzeitig abfangen konnte.

Der flache Einschlag könnte bei diesem Szenario für einen zu späten Abfangbogen sprechen. Oder die Maschine wurde kontrol-

Flacher Aufschlag mit hoher Fahrt: Zelle mehrfach zerlegt, Querruder und Flaps aus den Flügeln gerissen.

Dreiviertel Vollgas, Gemisch fett, Flaps drin: kontrollierte Bodenberührung oder Abfangbogen?

liert, aber orientierungslos ins Gelände gesteuert, ein so genannter controlled flight into terrain (CFIT).

Für das erste Szenario, einen Strömungsabriss mit anschließendem Trudeln und missglücktem Abfangmanöver, würde die Vermutung der BFU-Ermittler sprechen, dass der Pilot kurz vor oder während der Endanflugkurve durch die Dunkelheit keine Referenz mehr zum Horizont hatte und deshalb zu langsam flog.

Am Wrack wurde allerdings festgestellt, dass die Landeklappen zum Zeitpunkt des Absturzes eingefahren waren und der Gashebel bei zirka Dreiviertel Vollgas stand. Dies würde eher für einen schnellen Anflug ohne Erdsicht sprechen, womöglich orientierungslos.

Zu viele Handicaps
Ähnliche Fehleinschätzungen beschreibt der Luftfahrtexperte Gerd Spohd in seinem Buch „Menschliches Leistungsvermögen und dessen Grenzen in der Luftfahrt", aus dem im BFU-Bericht zu dem Fall zitiert wird. Durch das so genannte Black-Hole-Phänomen, so der Autor, könne es nachts zu Fehleinschätzungen in Bezug auf Geschwindigkeit, Entfernungen sowie Höhe und Längsneigung des Flugzeugs kommen.

Ein unscheinbares Detail, das die BFU-Ermittler zwischen den Wrackteilen fanden, könnte die vermutete Fehleinschätzung des Piloten hinsichtlich seiner Geschwindigkeit auch noch anders erklären: Das Staurohr an der linken Tragfläche, das der Geschwindigkeitsanzeige dient, war am Wrack abgeknickt.

Kaum zwei Meter daneben fanden die Unfallermittler die Schutzhülle für das Messinstrument. Möglicherweise hatte der Pilot vergessen, sie vor dem Start zu entfernen und war dann mit unbrauchbarem Fahrtmesser losgeflogen. Es könnte aber auch reiner Zufall sein, dass die Schutzhülle beim Aufprall aus der Kabine hinausgeschleudert wurde und an dieser Stelle liegen geblieben war.

Wenig Nachtflugerfahrung auf dem betreffenden Muster, ein bodennaher Flugverlauf, keine Fahrtanzeige oder keine Erdsicht – das waren zu viele Handicaps, selbst für einen Piloten mit sehr großer Gesamtflugerfahrung.
Samuel Pichlmaier

Bastelwahnsinn

Unzulässige Modifikationen Ein UL setzt zum unerlaubten Tiefflug über einen Badesee an. Doch die Mindestflughöhe ist nicht die einzige Regel, die der Pilot leichtfertig ignoriert. Die Folgen sind allerdings tragisch

Es gibt Flieger, die allein durch ihre Lizenzen-Sammlung Respekt und Anerkennung genießen. Wer zum Beispiel bei der Luftwaffe als Hubschrauberpilot dient oder sich zum Lufthansa-Kapitän hochgearbeitet hat, gilt im heimischen Aeroclub meist schon deshalb als honoriges Vereinsmitglied. Solche Auszeichnungen kann auch der junge UL-Pilot vorweisen, der am 3. September 2011 vom baden-württembergischen Tannheim mit einer Rans S6 Coyote II zu einem Sightseeing-Flug starten will. Der 23-Jährige hat bereits sowohl eine militärische als auch eine zivile Hubschrauberlizenz (nach JAR-FCL) in der Tasche, sein Type Rating gilt für Eurocopter EC135/135T. Damit nicht genug, ist er zudem im Besitz einer Pilotenlizenz der Private Pilots Federation of Russia mit der Berechtigung für den sowjetischen Militärveteran Yak-52. Auch deutsche ULs darf der Pilot fliegen; mit 139 Stunden hält sich seine Erfahrung auf Luftsportgeräten jedoch noch in bescheidenem Rahmen. 155 Landungen hat er auf seiner Rans S-6 geloggt. Als Militärpilot kommt der junge Mann auf insgesamt 221 Flugstunden mit Helikoptern.

Um 11.55 Uhr hebt das Spornrad-UL von der Tannheimer Graspiste ab und nimmt Kurs Nord-Nordost. An Bord ist außer dem Piloten ein Passagier, die beiden wollen nach Landshut. Nur wenige Minuten nach dem Start, 16 Kilometer nördlich von Tannheim, überfliegt der Hochdecker die Ortschaft Sinningen, und kurz darauf einen nahegelegenen Badesee in nördlicher Richtung – im Tiefflug. Dann dreht der Tiefdecker nach Westen und kehrt in einem Bogen wieder zum See zurück, um ihn ein weiteres Mal in niedriger Höhe zu überfliegen. Über dem Wasser beginnt der Pilot plötzlich mit den Flügeln zu wackeln, dann zieht er die Maschine steil nach oben. Dabei kippt die Rans unvermittelt über die rechte Fläche ab und stürzt dem See entgegen.

Die niedrige Höhe lässt dem Piloten keine Chance zum Abfangen. Das UL schlägt hart auf der Wasseroberfläche auf. Rumpf und Tragflächen werden dabei stark gestaucht, die Bespannung an den Flügelunterseiten reißt ab.

Das UL versinkt im See

Wasser strömt in Zelle und Cockpit, und das UL sinkt innerhalb weniger Augenblicke auf den Grund des Sees, der an dieser Stelle fünf Meter tief ist. Dann ragen nur noch Teile des Leitwerks aus dem Wasser heraus. Durch einen glücklichen Zufall sind zu dieser Zeit Rettungstaucher der Wasserwacht zu einer Übung im See. Sie kommen schnell an die Unfallstelle und können beide Insassen aus dem Wrack bergen. Sofort beginnen sie damit, die leblosen Körper zu reanimieren. Der Passagier verstirbt jedoch kurze Zeit später; schwer verletzt überlebt der Pilot, fällt aber ins Koma.

Trügerische Idylle: Am rechten Uferrand des Badesees ist die Ölsperre rund um die Absturzstelle zu erkennen.

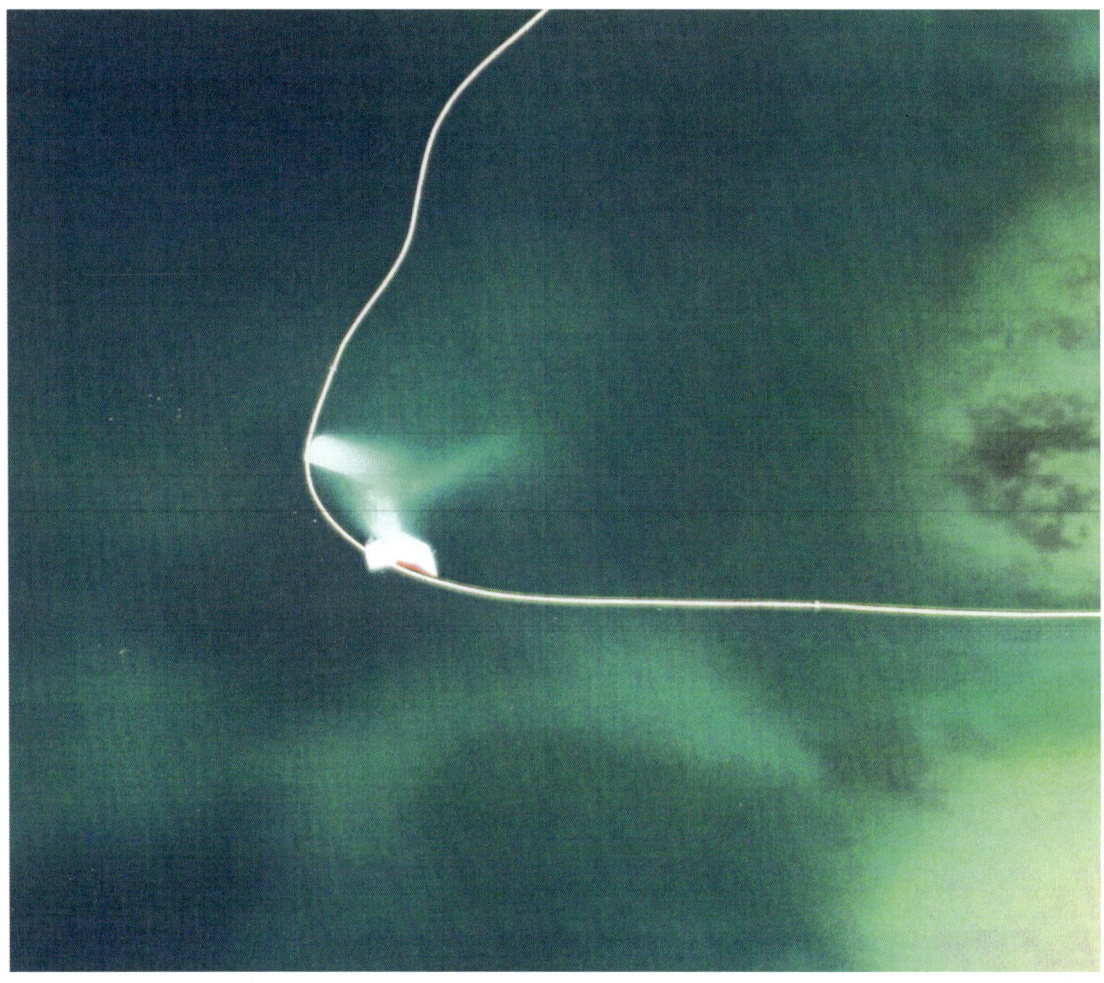

Versunken: Das Leitwerk der Rans ragt aus dem fünf Meter tiefen Wasser. Taucher bergen die Unglücksflieger.

Polizei und Experten der Bundesstelle für Flugunfalluntersuchungen (BFU) sichern zunächst die Absturzstelle und bergen das Wrack.

Das Wiegen der Wrackteile bringt einige Tage danach ein überraschendes Ergebnis: Die Polizei ermittelt ein Leergewicht von satten 350 Kilo. Im letzten Wägebericht des ULs, er wurde im Februar 2007 angefertigt, sind dagegen nur 287 Kilo angegeben. Selbst wenn man nach Tagen im Trockenen noch eine geringe Restmenge Wasser in Stahlrohrverbund oder Instrumenten annehmen möchte, kommt die Unfallmaschine damit wohl auf eine um über 60 Kilo erhöhte Leermasse.

Noch erschreckender ist das Ergebnis bei der Berechnung der wahrscheinlichen Abflugmasse: Allein die beiden Insassen wogen zusammen etwa 190 Kilo. Hinzu kommen 23 Kilo Gepäck und Ausrüstung sowie zwei Kilo durch zusätzliche Einbauten (Transponder und ein Autoradio). In Summe also 215 Kilo Zuladung – ohne Kraftstoff. Laut Wägebericht und Betriebshandbuch ist nur eine maximale Zuladung von 163 Kilo erlaubt. Ohne Sprit hatte das UL demnach eine ungefähre Abflug-

Unkritisch: Hält man sich an die Betriebsgrenzen, ist die Rans S-6 (hier eine Maschine mit Bugradfahrwerk) ein gutmütiges UL.

masse von 555 Kilogramm. Im Handbuch ist die MTOM mit 450 Kilo angegeben.

Weight & Balance passt nicht

Dokumentiert ist außerdem, dass die Maschine in Tannheim vor dem Start mit 73 Litern Kraftstoff betankt wurde. Zwar konnte die genaue Restmenge in den Tanks nicht mehr festgestellt werden. Die Berechnungen der BFU gehen jedoch von nochmals bis zu 54 Kilo aus. Damit wäre das UL in EDMT mit deutlich über 600 Kilo Abflugmasse an den Start gerollt. Daraus ergibt sich ein maximaler Schwerpunkt (2175 Millimeter), der bis zu 37 Zentimeter hinter dem zulässigen Limit des Musters (1805 Millimeter) lag. Sogar unbetankt führt das Ergebnis der nachträglichen Weight & Balance-Berechnung weit über die Grenzen des Erlaubten hinaus.

Doch damit nicht genug. Zusätzlichen Einfluss auf die Flugeigenschaften des Tiefdeckers hatten einige Umbauarbeiten, die weder dokumentiert noch von einem Prüfer für zulässig befunden waren. So hatte der Pilot durch den Anbau von Spades an den Querrudern Steuerdruck und Rollverhalten verändert. Der Einbau eines nicht vorgesehenen Verstellpropellers sowie eines Zusatztanks hinter dem Pilotensitz mit 41,6 Liter Fassungsvermögen führten außerdem zu erheblichen Veränderungen bei der Massenverteilung. Selbst für den Piloten, so die BFU, sei die Berechnung des genauen Schwerpunkts wegen der von ihm undokumentierten Veränderungen nicht möglich gewesen.

Das Urteil der BFU-Ermittler zu den halsbrecherischen Basteleien ist ebenso trocken wie aussagekräftig: „Aufgrund des Zerstörungsgrades konnten keine Flugversuche zur Klärung der Flugeigenschaften mit dem nicht dem Kennblatt entsprechenden Ultraleichtflugzeug vorgenommen werden." Mit anderen Worten: Das in den Papieren beschriebene Flugzeug war ein anderes als jenes, das die Polizei aus dem Badesee nahe Sinningen geborgen hatte. Auch der Pilot musste dafür teuer bezahlen. Er liegt bis heute im Koma.

Samuel Pichlmaier

Krasse Fehleinstellung

Unsachgemäße Montage Ein Pilot will seiner Mutter die Heimat von oben zeigen, doch der Familienausflug im UL-Doppeldecker endet katastrophal

Was ist machbar, was ist erlaubt? Nicht immer verträgt sich das eine mit dem anderen. Doch wenn mit nur wenig Aufwand ein kleines bisschen mehr Leistung winkt, und die Gefahr gering ist, dass es jemand merkt – warum nicht?

Früher waren solche Gedanken bei Mofa- und Mopedpiloten üblich und verlangten auch ein gewisses technisches Verständnis. Bei besonders gewagten oder gelungenen „Verbeserungen" zollten manchmal sogar Polizeibeamte oder TÜV-Sachverständige

Trümmerhaufen: Vom zierlichen Retro-UL bleiben nach dem Unfall nur noch verkohlte Reste übrig. Pilot und Passagierin überleben den Absturz aus geringer Höhe nicht.

Retro-Flieger: Der Doppeldecker Sunwheel (hier ein baugleiches Muster) kam Anfang der 1990er-Jahre auf den Markt.

den heranwachsenden Schraubern Respekt, wenn sie mit ihren unerlaubten „Verbesserungen" aufflogen. Heute tauscht man bei Scootern einfach die Chips für die Motorsteuerung aus – gestern wie heute: Jugendsünden.

In einem aufwühlenden Fall aus dem Jahr 2012 geht es am Ende um weit mehr als nur ein mögliches Leistungsplus.

Es ist ein warmer Sommerabend im Juli. Rund 100 Kilometer nordöstlich von München, auf dem Sonderlandeplatz Dingolfing, macht ein junger Pilot seinen UL-Doppeldecker vom Typ Sunwheel startklar. Mit 52 eingetragenen Stunden in seinem Flugbuch, 14 davon auf dem Sunwheel, hat er noch recht wenig Routine. Geplant hat der 25-Jährige einen Rundflug in der nahen Umgebung des Platzes; ein kurzer Hüpfer am Abend. Als Passagierin sitzt seine Mutter auf dem vorderen Platz. Um 17:45 Uhr beschleunigt die Maschine auf der Piste 08 und hebt nach kurzem Startlauf ab.

Nur wenige Sekunden später gewinnt der Doppeldecker kaum noch an Höhe. Zeugen beobachten außerdem, dass das Flugzeug mit hohem Anstellwinkel an Fahrt verliert. Vermutlich zieht der Pilot weiter am Knüppel und versucht zu steigen, doch die Maschine gerät kaum 50 Meter über dem Boden in einen Sackflug. Der Motor, ein Rotax 912, klingt dabei normal.

Nun dreht der Pilot nach rechts ab: Vielleicht hat er erkannt, dass es ein Problem gibt und versucht durch eine Umkehrkurve zurück zum Flugplatz zu kommen. Doch das Manöver misslingt, der Sunwheel kippt plötzlich über die rechte Fläche ab und stürzt fast senkrecht in ein Getreidefeld. Dort bleibt er auf dem Rücken liegen und fängt sofort Feuer, die Rakete des Rettungsgeräts löst aus. Innerhalb von Minuten verbrennt das UL, beide Insassen kommen ums Leben. Von dem rot-weiß gestreiften Flieger bleibt kaum mehr als ein Haufen verkohlter Aluminiumrohre übrig, ein kümmerliches, verbogenes Metallgerippe.

Das Triebwerk wird im Zuge der Unfalluntersuchung vom Hersteller komplett zerlegt, doch sind keine Vorschäden feststellbar, die ein Motorversagen als Absturzursache nahelegen könnten. Vergaser und Zündan-

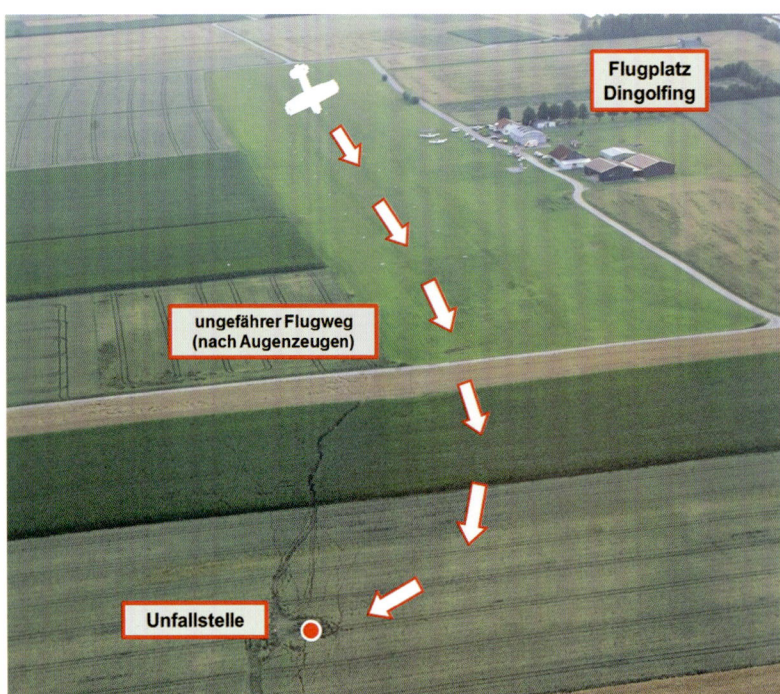

Rasches Ende: Nur kurz nach dem Start überzieht der Pilot die Maschine, das UL stürzt aus niedriger Höhe ab.

lage wurden durch das Feuer aber so stark zerstört, sodass daran keine Untersuchungen mehr möglich sind.

Falscher Prop, falsch justiert
Hinweise auf die Unglücksursache liefert den Ermittlern der Bundesstelle für Flugunfalluntersuchungen (BFU) dagegen die Luftschraube. An der Unfallmaschine war offenbar ein Zweiblatt-Propeller montiert, der im Kennblatt des Sunwheels gar nicht eingetragen ist. Die Composite-Blätter sind zur Hälfte durch das Feuer zerstört, dennoch werden die aus dem Wrack geborgenen Reste beim Hersteller untersucht – mit überraschendem Ergebnis: Die beiden am Boden verstellbaren Blätter weisen unterschiedliche Steigungsgrade auf, eines plus 10,7 Grad, das andere minus 11,2. Die krasse Fehlstellung, so der Hersteller, sei mit hoher Wahrscheinlichkeit nicht erst beim Aufprall entstanden.

Das ist verwunderlich, denn eine solche Einstellung dürfte Vibrationen erzeugt haben, die dem Piloten – vorsichtig ausgedrückt – gleich nach dem Anlassen des Motors aufgefallen sein müssten. Zeugenaussagen nach soll der Pilot den Propeller vor dem Unfallflug selbst montiert und eingestellt haben. Ist ihm dabei ein solch großer Fehler unterlaufen?

Testläufe im Auftrag der BFU mit einem vergleichbaren Prop desselben Herstellers und mit der an der Unfallmaschine festgestellten Blatteinstellung müssen tatsächlich nach kurzer Zeit abgebrochen werden: Die Vibrationen auf dem Prüfstand sind so heftig, dass eine Messung unmöglich ist. Erst als die Prüfer daraufhin beide Blätter auf plus 11 Grad einstellen, ergeben sich vernünftige Werte.

Sie lassen im Vergleich zum Original-Propeller bei höheren Drehzahlen einen höheren

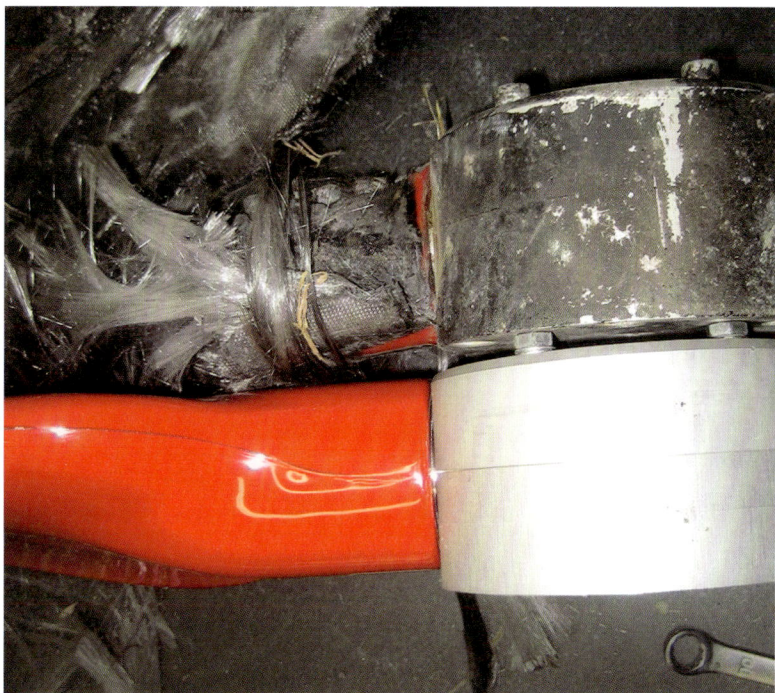

Rekonstruktion: Bei Tests zeigt sich, dass der unzulässige Prop (oben Original, unten Testmuster) unsachgemäß montiert war.

Schub erkennen – vermutlich genau das, was der Pilot im Sinn hatte.

Unerlaubte Veränderungen

Eine weitere Modifikation an dem UL-Doppeldecker hat den Unfall möglicherweise zumindest begünstigt: Hinter dem Cockpit hatte der Pilot einen zweiten Tank eingebaut, der sich negativ auf die Schwerpunktlage des Flugzeugs auswirkte. Auch wenn sich nicht mehr ermitteln ließ, ob dieser Zusatztank tatsächlich gefüllt war: Weder war die Montage des Behälters im Kennblatt vorgesehen noch von einem Prüfer abgesegnet.

So könnte auch das Abfluggewicht des Sunwheel bei dem Unglück eine Rolle gespielt haben: Das UL war bei einem Leergewicht von 251,8 Kilo und einer MTOM von 400 Kilogramm um knapp 20 Kilo überladen – den Spritvorrat nicht eingerechnet. Als Absturzursache identifizieren die Unfallermittler letzten Endes einen überzogenen Flugzustand, der eintrat, als der Pilot mit einer Umkehrkurve versuchte, noch zum Platz zurückzukehren. Ein Zusammenhang zwischen den unzulässigen Basteleien am Luftfahrzeug und dem Unfallhergang lässt sich nicht mit letzter Gewissheit nachweisen, doch halten ihn die BFU-Experten für wahrscheinlich.

Etwas ratlos macht, dass der Pilot einen solch haarsträubenden Einbaufehler nicht bemerkt haben soll: Spätestens nach den abgebrochenen Messungen auf dem Prüfstand fragt man sich, wie der Doppeldecker zur Piste rollen, geschweige denn überhaupt in die Luft kommen konnte, ohne dass sich der Motor vorher aus der Halterung gerissen hätte.

Doch ganz offensichtlich hat es geklappt – mit fatalem Ausgang für Mutter und Sohn.

Samuel Pichlmaier

Impressum

Verantwortlich: Pia Hildesheim
Satz: Mediaservice Rudi Stix, München
Schlusskorrektur: Stefan Krüger
Umschlaggestaltung: Jarzina Kommunikationsdesign unter Verwendung einer Abbildung der picture alliance/ dpa
Herstellung: Anna Katavic
Printed in Slovenia by Korotan

Sind Sie mit diesem Titel zufrieden? Dann würden wir uns über Ihre Weiterempfehlung freuen.
Erzählen Sie es im Freundeskreis, berichten Sie Ihrem Buchhändler, oder bewerten Sie bei Onlinekauf.
Und wenn Sie Kritik, Korrekturen, Aktualisierungen haben, freuen wir uns über Ihre Nachricht an
GeraMond Verlag,
Postfach 40 02 09,
D-80702 München
oder per E-Mail an
lektorat@verlagshaus.de

Unser komplettes Programm finden Sie unter

Alle Angaben dieses Werkes wurden sorgfältig recherchiert und auf den neuesten Stand gebracht sowie vom Verlag geprüft. Für die Richtigkeit der Angaben kann jedoch keine Haftung übernommen werden.

Quellennachweis:
Bundesstelle für Flugunfalluntersuchungen, Unfalluntersuchungsstelle des Bundes, Schweizerische Unfalluntersuchungsstelle, Polizei Rheinland-Pfalz, Fliegerschule Birrfeld, Caterina Jahnke, RuthAS, *fliegermagazin*, Guillaume Paumier/Wikimedia Commons, Christina Scheunemann, Jochen Ewald, Samuel Pichlmaier, Peter Wolter, DFS Deutsche Flugsicherung GmbH, Hersteller
Hinweis: Die abgebildeten Karten der DFS Deutsche Flugsicherung GmbH sind nicht für navigatorische Zwecke geeignet.

Die Deutsche Nationalbibliothek verzeichnet diese Publikation in der Deutschen Nationalbibliografie; detaillierte bibliografische Daten sind im Internet über http://dnb.d-nb.de abrufbar.

Sonderausgabe mit freundlicher Genehmigung und in Kooperation mit *fliegermagazin*
www.fliegermagazin.de

© 2014 GeraMond Verlag GmbH, München
ISBN 978-3-95613-410-4

Ebenfalls erhältlich ...

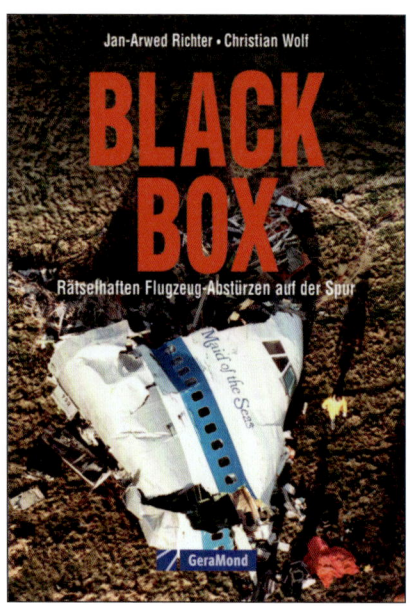

ISBN 978-3-86245-324-5

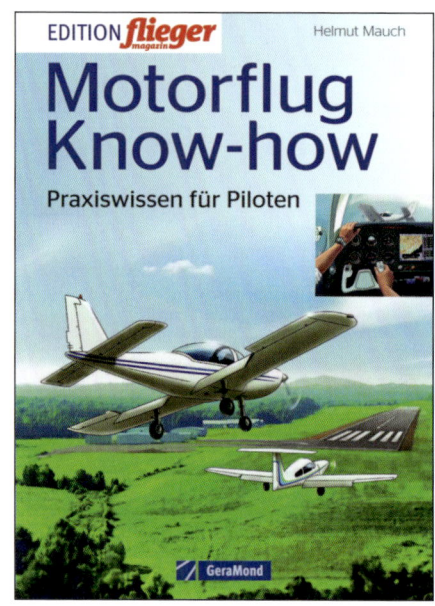

ISBN 978-3-86245-327-6

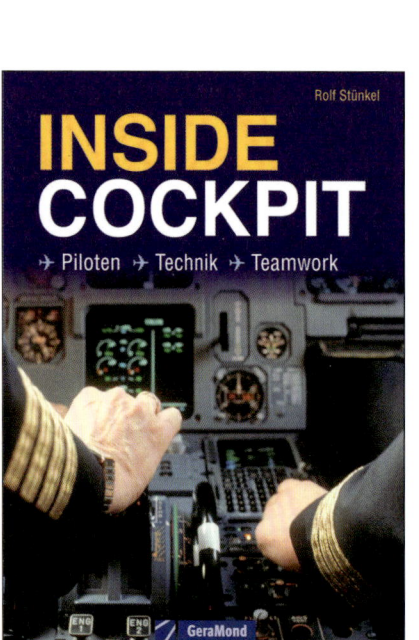

ISBN 978-3-86245-332-0

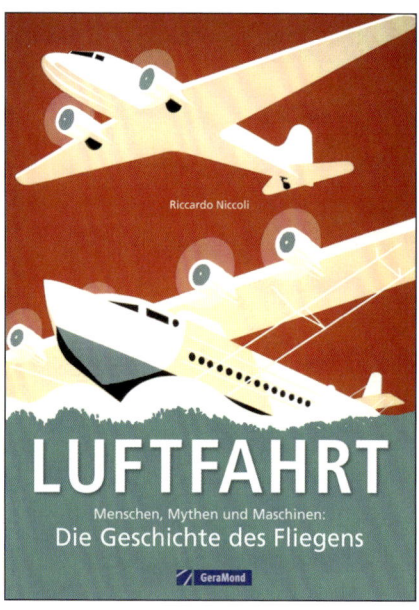

ISBN 978-3-95613-400-5

www.geramond.de

fliegermagazin digital für nur 4,49 € pro Ausgabe – für Abonnenten kostenlos!

Ab sofort gibt es das **fliegermagazin** auch als digitalisierte Ausgabe für iPad, Kindle Fire und Android-Tablet im iTunes App Store, bei Amazon, im Google Play Store und vielen anderen Online-Shops. So haben Sie das **fliegermagazin** immer griffbereit und platzsparend archiviert. Ganz egal, wo Sie gerade sind.

App Store

Google play

amazon.com

iKiosk

Weitere digitale Magazine des JAHR TOP SPECIAL VERLAGS